プログラミング教室

Scratch積木程式教室

谷口充★監修

落合博和★漫畫

衛宮紘★譯

★專業推薦★ 教育部臺灣學術網路傑出貢獻獎得主 胡信忠老師

世茂出版

給各位讀者的話

從前我是熱愛電玩的少年，幾乎每天都要打開遊戲主機或者父親的電腦來玩。然而，某天得知「遊戲可以自己動手做」後，我便開始嘗試遊戲的製作。後來雖然遊戲製作沒有繼續下去，但我現在從事使用電腦編輯網路程式的工作。

程式設計是與電腦、遊戲主機等「計算機」對話，非常有趣的體驗過程。透過對話（程式設計）下達各種指令讓電腦動作。設計的作品能為朋友、家人以及網路上素未謀面的各地人們帶來歡樂。

不過，跟電腦的對話和跟朋友的對話大不相同。如果沒有確實編碼內容來正確傳達指令，電腦就不會如同預期地動作。當跨越這段令人著急的過程，看到自己的作品動起來的瞬間，那份感動肯定令你難以忘懷。

趕緊翻開這本漫畫、打開電腦，在程設設計的世界展開旅程吧。相信讀完本書後，你也有能力運用電腦自由地創造作品。請各位盡情享受。

漫畫部分

和谷口老師一起學習，輕鬆體驗程設樂趣的圖像化程式語言「Scratch」吧。

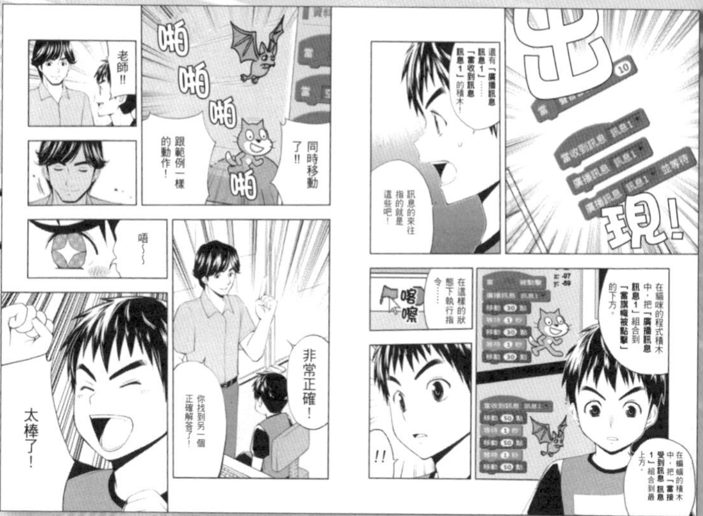

解說部分

進一步介紹漫畫中出現的程式與Scratch的使用方式。藉由解說內容和電腦截圖，學習更深入的程設知識吧。

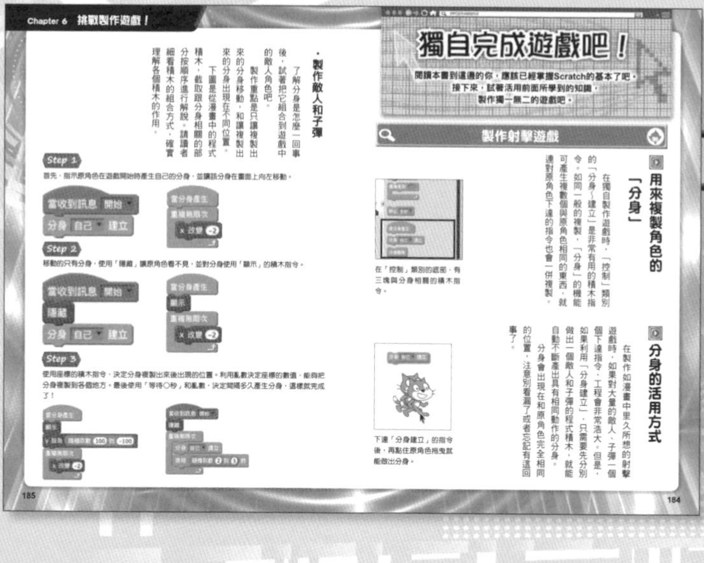

獨自完成遊戲吧！

閱讀本書到這邊的你，應該已經掌握Scratch的基本了吧。
接下來，試著活用前面所學到的知識，
製作獨一無二的遊戲吧。

製作射擊遊戲

用來複製角色的「分身」

在獨自製作遊戲時，「控制」類別的「分身～建立」是非常有用的積木指令。如同一般的複製，「分身」的機能可產生複數個與原角色相同的東西，就連對原角色下達的指令也會一併複製。

在「控制」類別的底部，有三塊與分身相關的積木指令。

分身的活用方式

在製作如漫畫中里久所想的射擊遊戲時，如果對大量的敵人、子彈一個個下達指令，工程會非常浩大。但是，如果利用「分身建立」，只需要先分別做出一個敵人和子彈的程式積木，就能自動不斷產出具有相同動作的分身。

分身會出現在和原角色完全相同的位置，注意別看漏了或者忘記有這回事了。

下達「分身建立」的指令後，再點住原角色拖曳就能做出分身。

184

Chapter 6 挑戰製作遊戲！

・製作敵人和子彈

了解分身是怎麼一回事後，試著把它組合到遊戲中的敵人角色吧。

製作重點是只讓複製出來的分身移動，和讓複製出來的分身出現在不同位置。

下圖是從漫畫中的程式積木，截取跟分身相關的部分按順序進行解說。請讀者細看積木的組合方式，確實理解各個積木的作用。

Step 1

首先，指示原角色在遊戲開始時產生自己的分身，並讓該分身在畫面上向左移動。

當收到訊息 開始
分身 自己 建立

當分身產生
重複無限次
x 改變 -2

Step 2

移動的只有分身，使用「隱藏」讓原角色看不見，並對分身使用「顯示」的積木指令。

當收到訊息 開始
隱藏
分身 自己 建立

當分身產生
顯示
重複無限次
x 改變 -2

Step 3

使用座標的積木指令，決定分身複製出來後出現的位置。利用亂數決定座標的數值，能夠把分身複製到各個地方。最後使用「等待○秒」和亂數，決定間隔多久產生分身，這樣就完成了！

185

程式設計教室 目錄

給各位讀者的話 …… 2

Chapter 1 開始程式設計吧！ 7

漫畫 …… 8

解說 每個人都能程式設計！ …… 22

Chapter 2 人人都會用Scratch！ 27

漫畫 …… 28

解說 操作Scratch吧！ …… 42

Chapter 3 製作動畫！ 49

漫畫 …… 50

解說 讓角色如同預期動起來 …… 66

目錄

Chapter 4　熟習積木的使用！　75

漫畫 …… 76

解說　製作遊戲的第一步！ …… 102

Chapter 5　如何製作出題軟體？　111

漫畫 …… 112

解說　製作出題軟體！ …… 140

Chapter 6　挑戰製作遊戲！　149

漫畫 …… 150

解說　獨自完成遊戲吧！ …… 184

Chapter 7　擴展吧！程式設計的世界！　193

漫畫 …… 194

解說　用Scratch和世界連結吧！　202

結尾 …… 206

Scratch 積木程式教室

人物介紹

日向里克

喜愛遊戲的小學四年級生。一心不想輸給拓海，而向谷口老師學習程式設計。

若樹唯依

里克的同學，很會替他人著想，總是從旁關心里克。

椎名拓海

里克的同學，有名的小學生程式設計師，能夠自己獨立製作程式。

谷口老師

里克的舅舅，專業程式設計師。因緣際會之下，開始指導里克如何程式設計。

Chapter 1

開始程式設計吧！

坐立難安
……
坐立難安
坐立難安

里克，你冷靜一點啦……
怎麼了嗎？
嘿嘿，其實今天……
那麼，今天的課程就上到這邊。
喀嚓
噠！
太棒了，趕快回家!!
噠噠
噠噠噠
等一下，里克！你在急什麼啊!?

《FQ10》！
今天發售！
遊戲應該送
到家裡了!!
咦……
遊戲？
當晚——
咚咚咚咚咚
嗚喔喔！
等我喔，
FINAL QUEST!!

不錯！
學會了新咒文！
不好了！已經這麼晚了。
遊戲要存檔嗎？
確定
取消
今天就在這邊存檔，趕快睡覺吧！
新的FINAL QUEST是很有趣，
但感覺跟之前的有點像……
啊——！
咚吵！
就沒有前所未有、獨一無二的遊戲嗎？
乾脆，我自己來做算了？
…算了。哪有可能做到啊。

早安～
好睏……
喀啦！
吱吱
嗯？
喳喳
怎麼了？發生什麼事了？
嗒嗒嗒……
你看這篇報導！拓海那傢伙好厲害！

他竟然上報紙了！
嬌聲四起
嬌聲四起
拓海的程式設計遊戲，好像獲得某個大獎，
聽說，還有電視單位邀請他上節目。
遊戲……
程式設計……
在意……
自己要怎麼做遊戲啊？

拓海好厲害唷～竟然能夠自己做出遊戲，真教人佩服！
!!
是怎樣啦，唯依！妳平常不是都瞧不起遊戲嗎？
我瞧不起的是，只會成天玩遊戲，不知道學習的你！
唔唔……
可惡!!
只要我認真起來，
做遊戲？簡單啦！

稍微調查一下，三兩下就能做出來了。
GAOGOOL
遊戲程式
搜尋、搜尋。
……？
Java？C語言？這是什麼東東？
原始碼？
Calculation of da
are 3 ways (modes)
1: give latitude (degre
xample: %% daylen 35.0 1
2: give latitude (degree
xample: %% daylen 35.0\n"
不就是一堆文字排列嘛。
不行……完全看不懂！
喔？你對程式設計有興趣嗎？
驚嚇
！

嗚哇哇!!
快速退後
你是誰啊?嚇了我一跳!
啊~你果然不記得了。
我以前常常來玩的說~
唉?
……
啊!谷口舅舅?
媽媽的弟弟!
好懷念啊。
其實,我現在在程式設計的公司工作,
這附近剛好設了新單位,我就順道過來看看。
坐下
舅舅很了解電腦嗎?
這樣的話…

——在學校發生這樣的事情。
原來如此……製作遊戲啊……
我能做到嗎？
我想讓班上的同學大吃一驚！
微笑
當然做得到！
只要你學會程式語言！
程式語言？

那是跟電腦對話的語言喔。
你剛才搜尋到的JavaScript，就是其中一種。
遊戲主機也一樣，所有電腦都是靠程式語言來驅動。
但是，想要掌握程式語言，需要具備專門的知識。
而圖像化程式語言是任誰都能學習程式設計的開發工具！
其中，圖像化程式語言「Scratch」非常容易上手。
起身！
我聽得不是很懂……
用那個可以做遊戲嗎？
喀噠
實際操作給你看會比較容易理解吧……
這是姊姊的電腦吧？借我用一下。

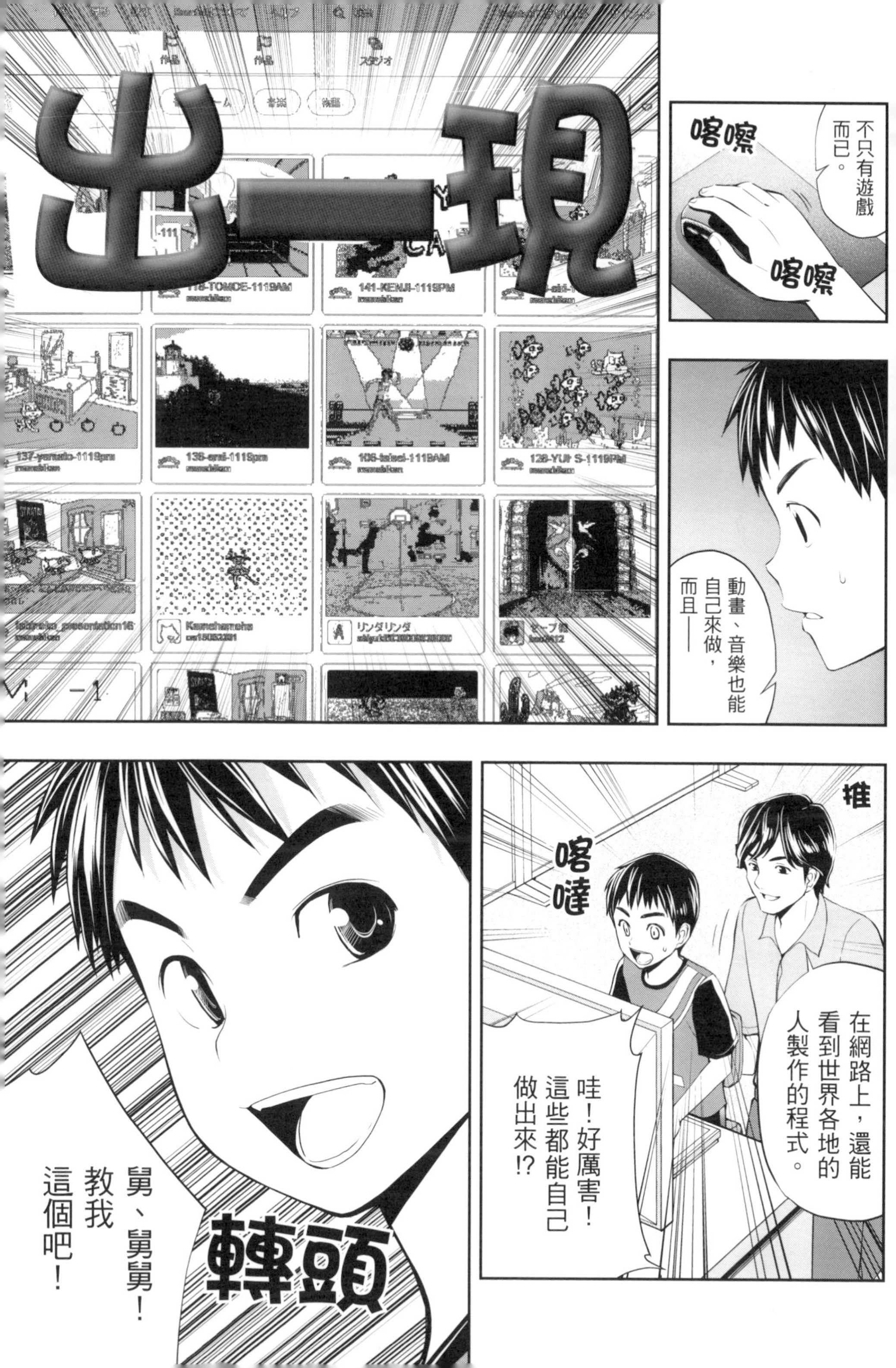
出現
喀嚓
不只有遊戲而已。
喀嚓
動畫、音樂也能自己來做，而且——
推
喀嗒
在網路上，還能看到世界各地的人製作的程式。
哇！好厲害！這些都能自己做出來!?
轉頭
舅、舅舅！教我這個吧！

好啊！
那麼，每堂課兩千日圓如何？
你要收錢!?
我在開玩笑啦。
嚇到我了。真是……
！
程式設計非常有趣喔。
你會愈學愈開心的。
要不要學學看呢？

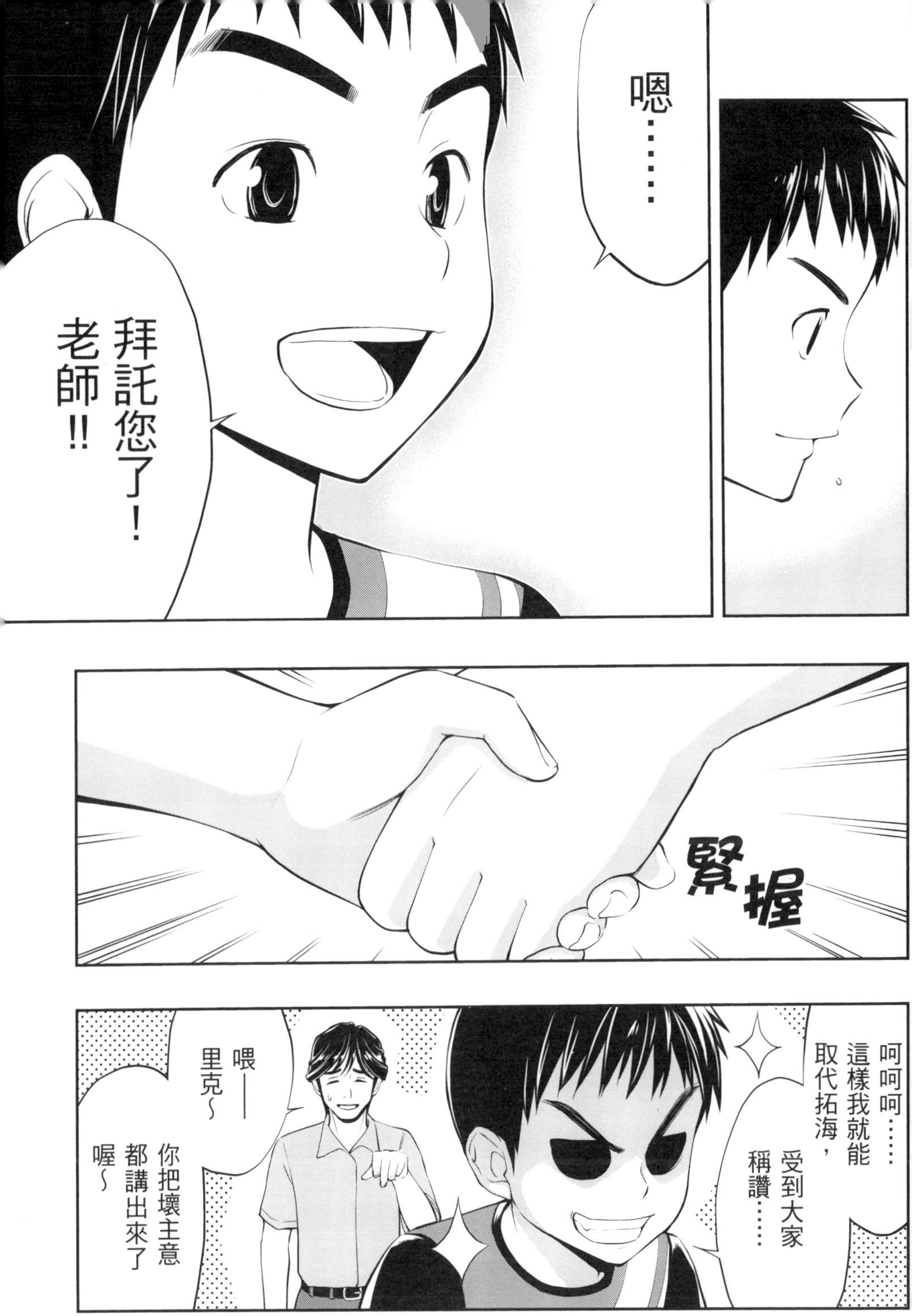

嗯……
拜託您了！老師!!
緊握
呵呵呵……這樣我就能取代拓海，受到大家稱讚……
喂——里克～你把壞主意都講出來了喔～

PROGRAMMING

每個人都能程式設計！

曾經聽過程式設計，
但卻對它不大瞭解、覺得是項困難技術的你，
首先要做的就是了解程式設計是用來什麼的。

程式設計是什麼？

在學習程式設計之前

你知道平常在玩的遊戲，在網路、學校使用的軟體等，是怎麼製作出來的嗎？

其實，這些都是使用如15頁所列出英文與符號的「原始碼」，也就是「對電腦的命令文」所構成的。

```
$value = ($post_val[$key] ? esc_attr($post_val[$
$class = $option['class'];
$id = $option['id'];
$attr = '';
// required
if ($maco_form_items[$key]['validate'] && array
    if ($post_val[$key] == '') {
        $class .= ' is-required';
    }
    $attr .= ' required';
}
// placeholder
if ($option['placeholder']) {
    $attr .= ' placeholder="' . $option['placeh
}

// other attr
if ($option['attr']) {
    foreach ($option['attr'] as $k => $v) {
        $attr .= ' ' . $k . '="' . $v . '"';
    }
```

原始碼的範例。所有電腦都是靠這樣的原始碼驅動。

命令文跟我們平常所說的話不同。如同人類有日文、英文等各種不同的語言，對電腦下達指令時也有其專用的語言，稱為「程式語言」。

遵循程式語言的規則，列出單字與符號，便能作成運作電腦的指令，也就是原始碼。

想要讓電腦動起來，必須將人類的語言翻譯成電腦看得懂的單字與符號。

圖像化程式語言好簡單！

可是，程式語言需要大量學習才能夠掌握。有鑑於此，產學界推出「圖像式程式設計」，又稱「圖像化程式語言」，幫助使用者更輕鬆接觸程式語言。

這個圖像式程式設計是，以「積木（Block）」代替單字與符號來編纂程式，只需要稍加學習，就能製作有趣的遊戲。

除了本書提及的「Scratch」之外，還有其他的圖像化程式語言。只要連上網路，每個人都能使用這些程式語言，各位可以多加嘗試看看。

各種圖像化程式語言

Programin（プログラミン）

http://www.mext.go.jp/programin/

日本文學部科學省開發的圖像化程式語言。

MOONBlock

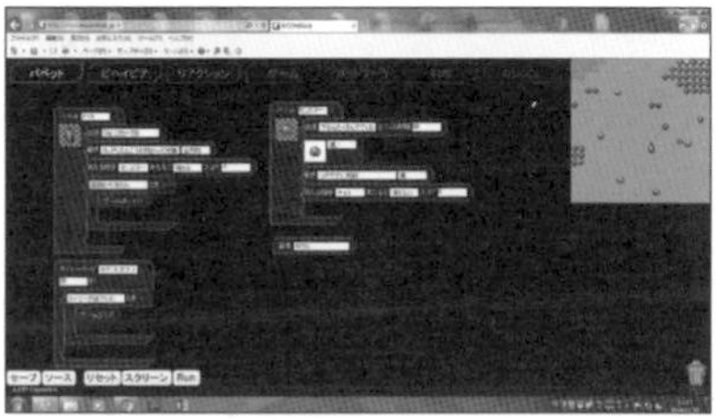

http://moonblock.jp/

與Scratch相同，使用積木進行程式設計。

Viscuit

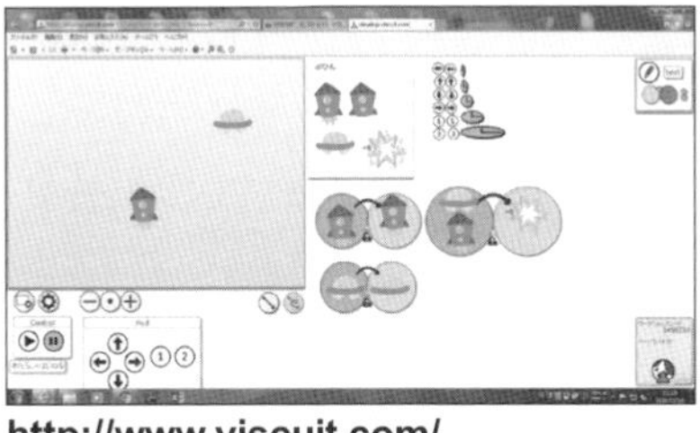

http://www.viscuit.com/

不使用積木，讓自己畫的圖像動起來。

連結Scratch！

連結Scratch！

在網頁上搜尋一下，馬上就能學會！

那麼，現在我們一起來使用Scratch學習程式設計吧。

第一步，先連上網路搜尋「Scratch」，點擊第一個搜尋結果，會出現如同下面的Scratch首頁。搜尋結果為英文網頁，擔心點錯的人可以請家人幫忙確認*。

Scratch不需付費或者下載，直接就能在首頁上使用。首頁上有許多按鈕，我們先來認識基本的操作吧。

*註：首頁底部有語言選單，點選繁體中文能將操作介面中文化。

Scratch首頁

點擊「創造」的頁面，就能開始程式設計。
此頁面能看到Scratch的程式範例。
用來註冊用戶的按鈕。
創造
探索
技巧
關於
搜尋
加入 Scratch
登入
創造故事、遊戲、動畫
與全世界分享
百聞不如一試
從範例中學習
加入 SCRATCH
完全免費
一個充滿創意的學習社群，分享超過 29,227,870 個專案。
關於 Scratch | 致教師 | 致家長
精選專案
往下滾動網頁能看到其他人創作的程式。
介紹Scratch操作方式的影片。

註冊用戶好處多？

在首頁，有用戶註冊的按鈕。雖然不註冊直接點開「創造」的頁面，也能夠進行程式設計，但如果想要進一步體會Scratch的樂趣，建議註冊一個帳號。

註冊完成後，能夠將自己創作的程式儲存於網路上，還可改編世界各地Scratch用戶的作品。詳細操作方式會在後面的章節介紹，這裡說明的是用戶註冊的步驟。

用戶註冊的步驟

①

按下「加入**Scratch**」，鍵入用戶名稱與密碼，接著點擊「下一步」。

②

選擇出生年月、性別和國家。國家名稱皆為英文，請選擇「**Taiwan**」。

③
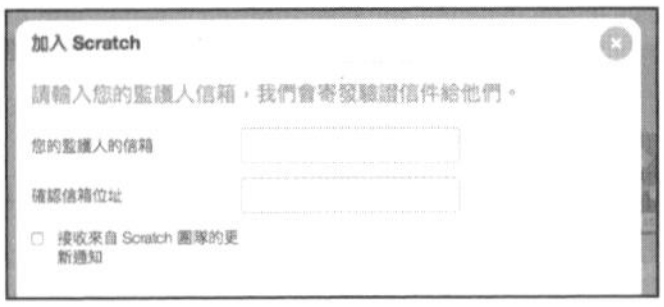

尋求家裡的人協助，輸入家人的信箱吧。

④

接著會出現註冊完成的確認頁面。**Scratch**會發送驗證信件到剛才輸入的信箱地址，趕緊確認一下吧。

⑤
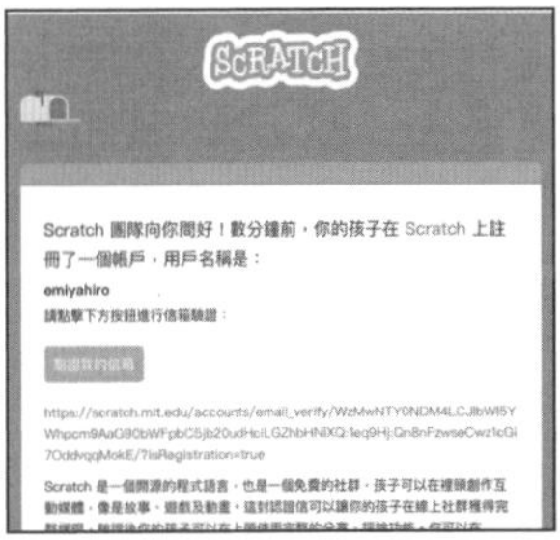

信箱裡會收到如同左圖的郵件，點擊「驗證我的信箱」後，就完成所有的步驟了！

本書出現的電腦用語

・先記住常用的單字用語

本書主要是介紹圖像化程式語言Scratch的使用方式，但這邊有幾個除了Scratch之外，在電腦作業上常見的用語。

事先熟悉這些用語，有助於理解後面的講解內容，所以這邊統一整理出來。

・用戶

如同電腦、網路使用者的「身分證」。

透過用戶名稱與密碼，證明使用者的身分。

・游標

在電腦畫面上，跟著滑鼠一同移動的標記。游標大多呈現箭頭形狀，遇到輸入文字的地方時，會變成縱線形狀。

指示畫面上的作業場所。

遇到輸入文字的地方，會變成縱線形狀。

・雙擊

「喀嚓喀嚓」連續點擊滑鼠左鍵兩次。

・拖曳

按住滑鼠左鍵拖曳，能移動畫面上被點擊的東西。

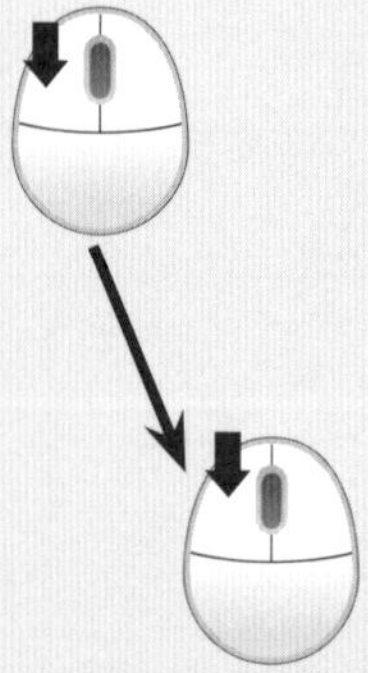

・拖放

按住滑鼠左鍵拖曳後，再放掉左鍵。可將拖曳的東西放到想要的位置。

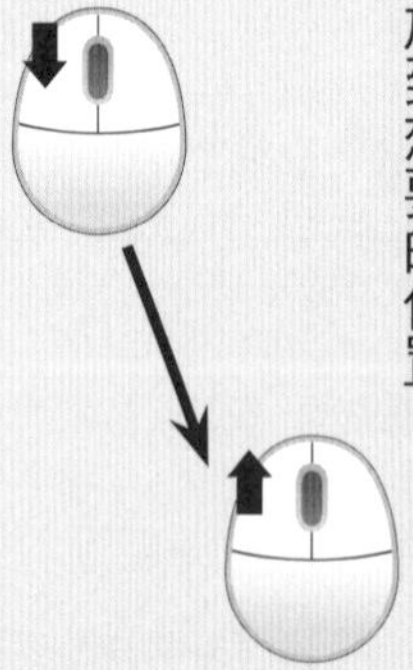

Chapter 2

人人都會用Scratch！

谷口老師的公司「H_2O space」大樓
老師，我來了～
!
喔，里克。早啊。
咚噠
咚噠
我一放學就過來了。
你看、你看!!
拿出!
我試著寫出想做的遊戲故事了！
NOTE BOOK
我的點子本

宇宙強大的百萬邪惡大軍來襲，
具有特殊能力的36位夥伴，為了打倒邪惡軍團，必須收集散落各地的60顆寶珠——
NOTE BOOK
我的點子本
就第一次製作來說，規模太大了。
先從基礎學起吧。
咦～基礎？好拙喔。
我才不想學基礎～
教我更好玩的事情嘛！
不行！打好基礎很重要。
而且，基礎的東西未必不有趣喔。
咦？

首先，啟動電腦，
試著搜尋「Scratch」。
好──
喀嚓
喀嚓
我看看，
Scratch……搜尋。
喀嚓
Scratch
喀嚓
出現
喔！這個嗎？
只要連上網際網路後，不管是誰……
都能使用Scratch。
你點一下畫面左上角的「創造」。
這是？
創造
最新訊息

這是什麼東東？根本不知道要從哪邊下手啊～
出現
檔案
編輯
技巧
關於
Untitled
程式類別
角色
程式積木
舞台區
角色區
腳本區
Scratch的頁面分成好幾個區塊，我來依序說明吧。
首先，先讓角色（Sprite）動起來吧。
角色？
就只有一種嗎？
不是，還有好幾種角色。
就像是故事裡的登場人物。
角色
Sprite1
這個貓咪是其中一種。
那麼，我們來增加角色吧。
要怎麼增加？

點擊這個圖示，
新的角色
就能從範例庫選取角色。
Anna
Anna Ode to Code
AZ Hip-Hop
Ball
Ball-Soccer
Ballerina
Bass
Bat2
出現
啊！跳出好多圖案。
選擇喜歡的圖案，雙擊滑鼠左鍵。
嗯……
嗯！
Avery Walking
Bat2
就決定這隻！
喀嚓
Untitled-6
由emiyashiki(未分享)
舞台區的角色增加了！
出
現
角色
Sprite1
Bat2
是的。不過背景還空蕩蕩的吧？
舞台區的背景也是用同樣的方法選擇。

這裡對吧！
從範例庫選擇背景！
沒錯！
Untitled
喔～!!
出現
新的角色
Bat2
怎麼樣？加入背景後，氣氛整個不一樣吧？
對啊！
接著，
終於要用到「積木」了。

積木？
在懸疑電視劇中，用來毆打後腦勺的那個嗎？
你說的是水泥磚吧。
是說，不可以用水泥磚毆打人喔。
積木是指這些東西，又稱程式積木（script block）。
我、我當然知道！哈哈……
不過，有好多積木看不懂……
這樣的話，點這邊可以選擇語言、文字。
程式
造型
音效
動作
外觀
音效
畫筆
資料
事件
控制
偵測
運算
更多積木
移動 10 點
右轉 15 度
左轉 15 度
碰！
你瞧，積木裡的文字全部變成中文了。
隨便點個積木試試看吧。
キ
好——就這個！

資料
移動 10 點
喀嚓
轉 15 度
點「移動10點」後，角色稍微前進了。
但是，每次點只前進一些些而已！
喀嚓
喀嚓
喀嚓
喀嚓
前進！前進!!
喀嚓
喀嚓
喀嚓
喀嚓
啊……
跑出邊緣了。
老、老師！接下來要怎麼辦？
這樣…讓我用一下。
喀嚓
雖然光點擊積木，也能簡單下達指令…
但這樣做的話……
啊！
喀嚓

碰到邊邊也沒有停下來，角色會在舞台上來回移動！
右轉
左轉 15 度
這是怎麼做到的？
呵呵……你看好了。
這個「前進10點」的積木，
如果只點這個，角色會停在邊的地方。
移動 10 點
嗯、嗯。
把這個拖放到腳本區和「碰到邊緣就反彈」組合。
喀嚓
移動 10 點
碰到邊緣就反彈
程式
動作
外觀
x 改變 10
x 設為 0
y 改變 10
y 設為 0
喔！走到邊緣就掉頭……
咦？
但是…角色變成整個倒過來了耶…

這邊的反彈，是指這樣的動作。
資料
右轉 15 度
左轉 15
面朝 90
面朝
所以角色才會變成上下顛倒啊！
這時就需要這塊積木!!
拿出
迴轉方式設為 左-右
!
迴轉方式設為左－右。
!!
動作
外觀
音效
畫筆
資料
移動 10 點
右轉 15 度
左轉 15 度
面朝 90 度
沒有上下顛倒了！
雖然每塊積木只能下達單純的指令，
但組合起來，角色可有複雜的動作。

這是Scratch的最大特徵——
「組合積木指令」！
10 點
x: 190 y: 10
定位到 鼠標
方式設為 左-右
迴轉方式設為
面朝
右轉
x 改變 10
滑行 1 秒到
你平常在玩的電玩遊戲，
也是靠這些單純指令的組合與堆疊，製作出來的喔！
Dash!!
32KART
START
CONTINUE
ポケット
AD OF SP
START
Starship
START
CONTINUE
©2018 n-Tep
START
CONTINUE
好厲害……這樣我好像也能自己做出來！
其他還能做什麼事情!?
再多教我一些！

沒問題！
Scratch能做到的事情可不只這樣喔。
興奮不已
～～～!!
隔天——
跟妳說～其實……
我也開始做遊戲了喔～
用Scratch什麼的，就能自己寫程式！
咦!?你什麼時候學會寫程式了？
這個嘛～怎麼說呢～就是我與生俱來的才能吧～
哈哈哈
喔……
出現

里克也會用Scratch啊？
拓海！
會、會啊！
キッ
雖然還學到一半，但我打算做出比你的遊戲更有趣的東西！
……！
是喔……不賴嘛。
我一開始也在「控制」、「訊息的來往」吃盡苦頭。
咦!?
控制？訊息？
嗯？你知道「控制」吧？
啊……那個……

噠！
我、我去上廁所！
下次再聊吧！
唉……喂!!
加快腳步離開～～
……
噠
噠
噠
好險！我怎麼敢說自己還只會讓角色移動而已！
我得再努力學習才行!!

PROGRAMMING

操作Scratch吧！

點擊「百聞不如一試」的圖示或者「創造」的按鈕，會打開畫面分成四大區塊的「創造」頁面。下面來看看此頁面能夠做些什麼事情吧。

Scratch的介面

四個區塊有什麼用途？

「創造」是最基本的頁面，用戶能在這製作自己的程式。

打開該頁面後會出現四個區塊，分別為「舞台區」、「程式區」、「角色區」、「腳本區」，用戶可用這四個區塊創建一個程式。

熟記各區塊的名稱與功能，有助於理解後面的內容。

四個區塊的名稱與功能

舞台區

可放置角色的場所。創作出來的動畫、遊戲，會在這個舞台上動作。

腳本區

將積木拖曳至此，角色會根據積木指令來動作。

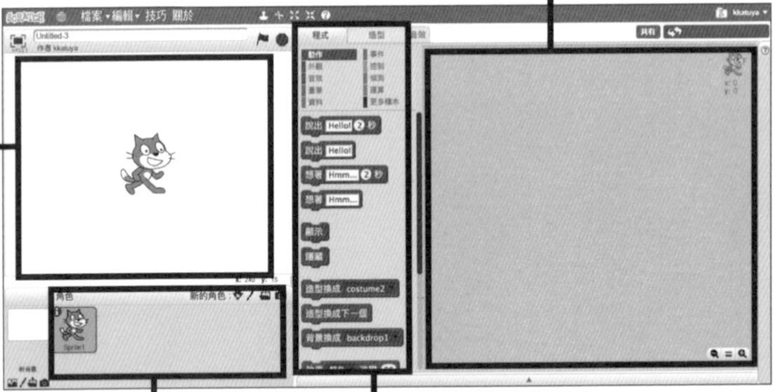

角色區

創建「角色」人物、物件等的區塊。

程式區

將角色的「動作」、「邏輯」等，統整成積木形式的區塊。

第五個區塊

點擊程式區最下方的「背包」，能夠展開小型區塊。這區塊稱為「背包區」，可用來保管從腳本區拖放來的程式積木、角色。

組合完的程式積木可在別的作品中再利用，或者留下來之後再用到其他角色上。

點擊最下方長帶狀位置。

設定角色！

角色是舞台上的演員

打開「創造」頁面後，左上方的「舞台區」會有一隻貓咪。這隻貓咪稱為Scratch Cat，是Scratch的官方角色。除了貓咪之外，Scratch中還有各式各樣的角色，英文統稱為「Sprite」。Sprite的英文意思為妖怪，但這邊想成「角色」會比容易理解。

你將成為這部作品的監督，將這些角色演員配置到舞台上指定的位置。

自由選擇角色

除了貓咪之外，還有其他種類的角色。另外，Scratch也可新建自己專屬的角色。

請參考下一頁開始介紹的「角色的各種選法」，選擇適合自製作品的角色吧。

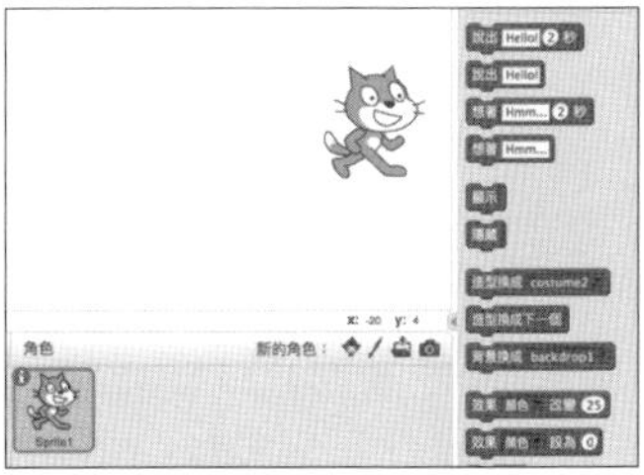

Scratch Cat是Scratch中最有名的角色。

角色的各種選法

點選角色區上的「新的角色」，可增加角色數量。四個按鈕的創建方式皆不同，後面會依序介紹說明。

・從範例庫中挑選角色

這是漫畫中出現的創建方式，用戶可從眾多的預設圖案中，選擇新增的角色。

在角色範例庫頁面的左側，可點選不同的「類別」、「主題」等目錄，篩選角色的種類。

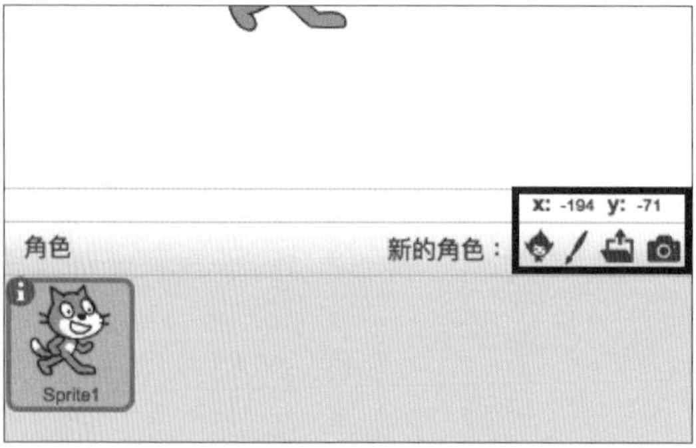

從角色區上的四個按鈕，選擇創建角色的方式。

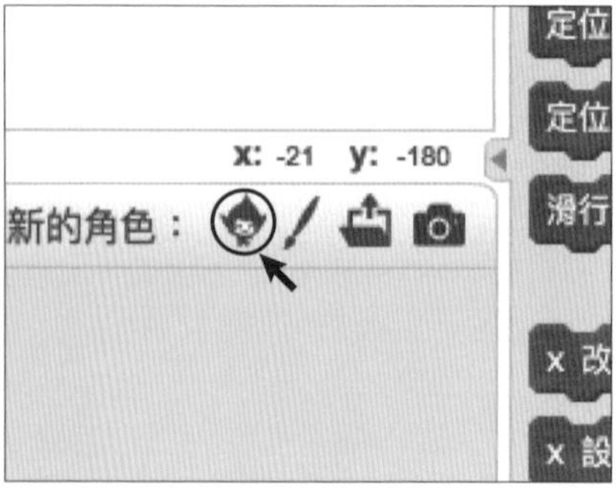

點擊四個按鈕中的人臉圖示。

用戶可選擇Scratch預設的角色圖案。

在左側的目錄，可篩選僅與「動物」、「魔幻」等有關的分類。

・自行繪製新的角色

在頁面的右側啟動「繪圖工具」，用戶可自行繪製新角色。創建的角色大小可再自由調整，在上頭畫滿自己喜歡的圖案吧！

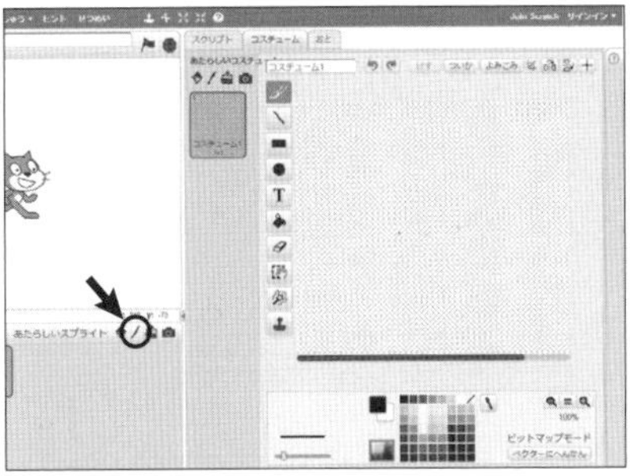

點擊畫筆的圖示後，腳本區會變成「繪圖工具」的頁面。

・從電腦中挑選角色

用戶可選擇其他繪圖工具畫出來的圖案、朋友創作的圖案，但卡通的人物角色、電視人物的照片等等，需先經過權利者的同意才能使用。請用戶小心留意。

儲存於電腦中的圖案也可作為Scratch的角色使用。

・用攝影裝置錄製新角色

如果電腦裝有攝影裝置，可將拍攝的相片作為角色使用，但切忌隨意侵犯朋友的肖像權。無論如何都需要使用時，請先取得對方的同意。

舞台的背景可以用相同的方式創建，點擊角色區左側「新的背景」中的按鈕！

變更角色的屬性

在角色區點選新建的角色後，左上角會出現「i」的圖示，點擊該圖示可變更角色的屬性（information）。

角色屬性有許多的項目，請對照下面的截圖確認。

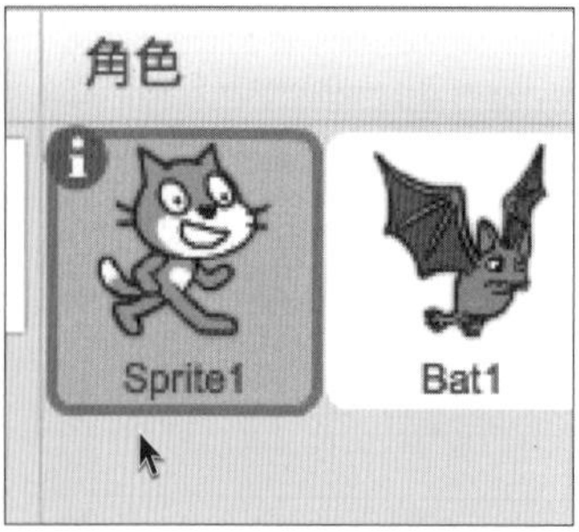

各角色都可用相同的方式展開角色屬性。

角色屬性的介面

角色名稱

表示該角色的名稱，名稱可自由變更。

方向

轉動右側的刻度盤，可改變角色的角度。

迴轉方式

用來決定如漫畫中「碰到邊緣就反彈」等動作的迴轉方式。

播放時可拖曳

勾選後，用戶可在程式播放中，直接拖曳角色圖案。

顯示

去掉勾選後，可在舞台區隱藏該角色。

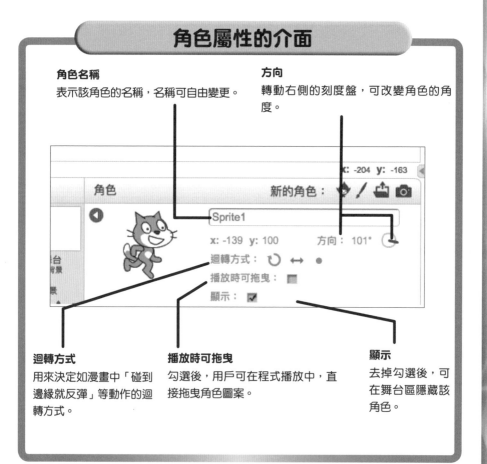

理解積木指令的用法！

讓角色表演

在舞台區配置角色後，接著就是讓他「表演」了。身為監督的你，必須讓演員按照自己的安排動作。此時，告知演員如何動作的就是「程式積木」。

點選程式區上方列表中的「程式」時，下面會出現小型方塊的積木指令。

雖然積木指令的種類別眾多，沒辦法全部介紹，但會實際示範漫畫中出現的幾種積木。

積木指令的用法

積木指令可直接在程式區點擊使用，但拖放到腳本區組合不同的積木，可展現更多不同的用法。

透過與其他積木指令組合，或者堆疊相同的積木指令，可讓角色做出更為複雜的動作。

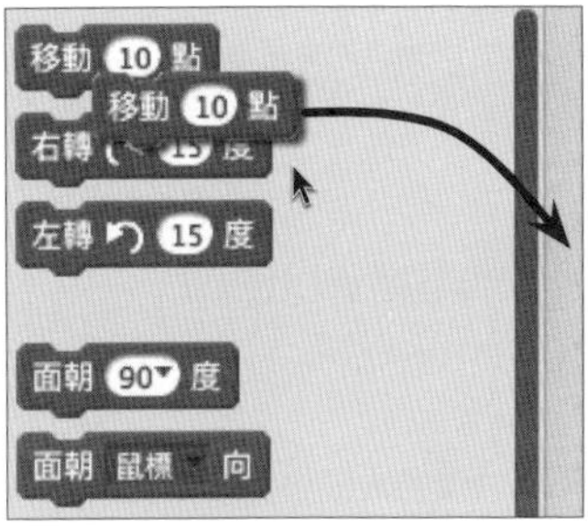

拖曳程式區中的積木指令。

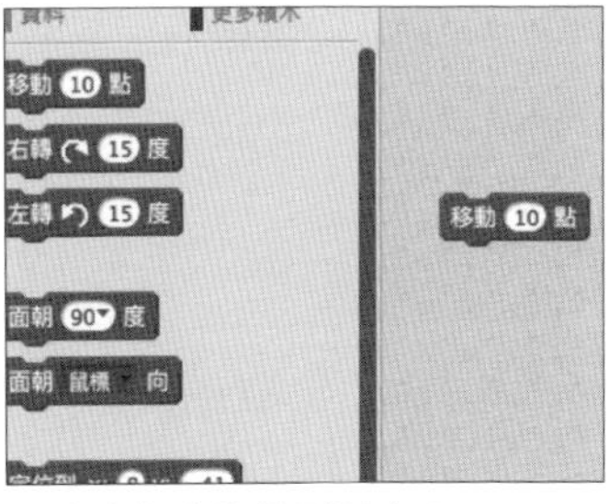

將積木指令拖放到腳本區。

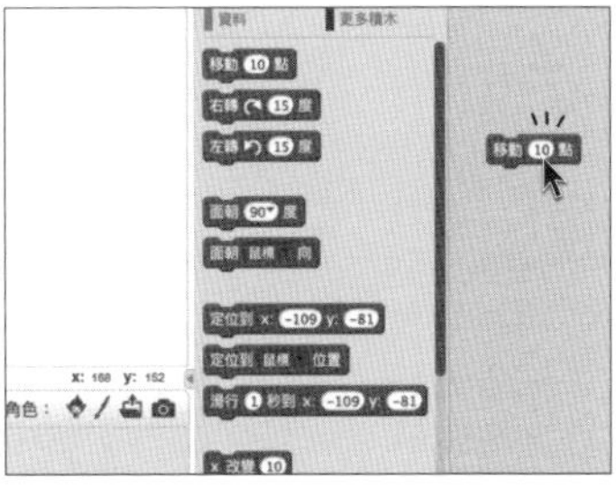

能簡單地在腳本區使用積木指令。

組合積木指令

如同漫畫中的介紹，積木指令可多塊組合在一起。不過，積木指令又分為能夠組合的與不能組合的，這可由積木的形狀來辨別。

透過組合各式各樣的積木指令，除了動畫影片之外，也能夠製作玩家操縱人物的遊戲。

注意積木的
凹陷和突起吧！

積木形狀的種類

・上下皆能組合的積木

移動 10 點

上面有凹陷、下面有突起的積木指令，上下皆能組合其他積木。

・只有上面或者下面能夠組合的積木

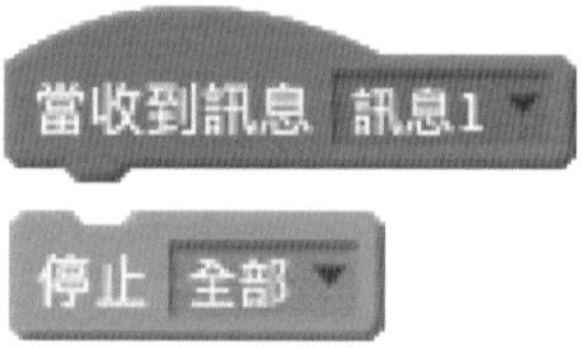
當收到訊息 訊息1
停止 全部

上面沒有凹陷或者下面沒有突起的積木指令。這類積木不是擺在最開頭，就是放在最尾端。

・穿插空隙的積木

如果 那麼
否則

中間有空隙的積木指令，空隙間可穿插其他積木。詳細用法參見第 4 章的介紹。

・零件積木

+
空白 鍵被按下？

這類積木無法直接使用，需要鑲嵌至其他積木的「孔洞」中使用。

Chapter 3

製作動畫！

拓海那傢伙說了一堆有的沒的！
控制、訊息什麼的，我根本沒有聽過啊！
我有在報紙上看到他的報導喔。原來是里克的同學啊。
那當然會超前你非常多。
他可能已經摸熟Scratch了吧。
不過，這樣正好。
閃一亮！
？
今天，我剛好打算教你控制和訊息的來往。

電腦要用到2台……？
你看一下右邊的螢幕。
有兩個角色……
貓咪和蝙蝠排在一起。
角色
沒錯。
今天，我想讓里克做出和這一樣的東西。
什麼嘛！小菜一碟！
這昨天也有做過。
哼哼……那麼，這樣如何呢？
程式
喀嚓！

啊……!
明明沒有點擊積木，
角色自己動起來了!!
スプライト
新しいスプライト:
呵呵呵
為什麼、為什麼？這怎麼做到的？
哈哈，你的反應真棒。
感覺我被當成傻瓜……
不爽…
沒、沒有這回事！
思考為什麼會這樣也是很重要的喔！
然後，今天的主題是……
你要怎麼在左邊的電腦重現這樣的角色動作。

重現……？
沒錯。
你得推理需要哪些積木？怎麼組合在一起？
就算老師這麼說，
但我只有學到「移動10點」而已……
別還沒嘗試就馬上放棄啊！
冷靜點，提示可能就在畫面上的某個地方喔？
提示嗎……
好！
檔案▽ 編輯▽ 技巧 關於
Untitled
x: 109 y: -180
角色
新的角色
首先，先配置跟範例一樣的背景和角色……
接著，
問題就在這裡。

昨天，我是用這塊積木讓角色動起來……
資料
移動 10 點
右轉 15 度
左轉 15 度
……咦？感覺不太對。
碰！
變成像是瞬間移動了。
這樣的話，只要把這邊的數字調大！
喀嚓
移動 300 點
喀嚓
範例中的角色是一點一點移動，但我的是整個移動1次而已……
緩慢前進
碰！
哼嗯。
總覺得不太對……？
你注意到不錯的地方。

我昨天有說過吧。Scratch利用組合積木，可以下達各式各樣的動作指令。
仔細看畫面好好思考，
積木的類別可不是只有「動作」喔。
程式
造型
音效
動作
外觀
音效
畫筆
資料
事件
控制
偵測
運算
等待 1 秒
重複 10 次
不是只有「動作」……
是哪個……
是哪個！
停下來一下也很重要喔！
停下來一下……
啊
！
停下來？

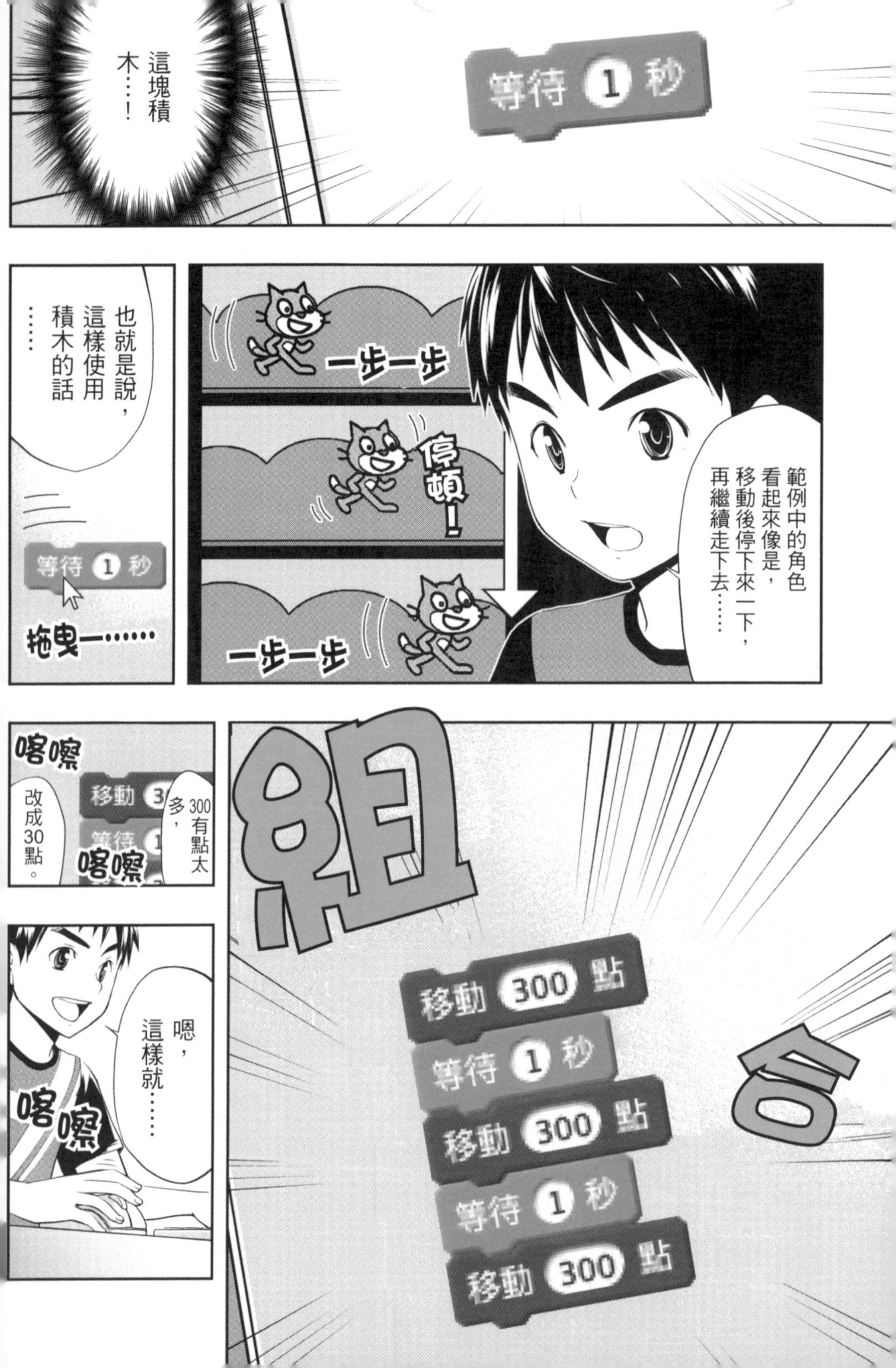
這塊積木……！
等待 1 秒
範例中的角色看起來像是，移動後停下來一下，再繼續走下去……
一步一步
停頓！
一步一步
也就是說，這樣使用積木的話……
等待 1 秒
拖曳——……
組
合
移動 300 點
等待 1 秒
移動 300 點
等待 1 秒
移動 300 點
喀嚓
300有點太多，
改成30點。
喀嚓
嗯，這樣就……
喀嚓

停
走
停
走
走
太棒了！
跟我想的一樣動起來了！
很棒、很棒，就是這個。
嘿嘿嘿。
那麼，這次換做蝙蝠吧！
嗯！
貓咪和蝙蝠的前進速度不一樣喔。
我知道！
這2隻一次移動的點數不一樣嘛！
喔!!正確！不錯嘛！
當然！

這樣就完成了！
開始測試!!
喀嚓
……咦？奇怪？
一步 一步
只有貓咪在移動？
對喔！
也要對蝙蝠下指令……
啪噠 啪噠
這次只有蝙蝠移動。
咦咦……這是怎麼回事？
呵呵呵。
沒錯，里克，這是這次課程最後的問題，也是最大的謎題！
要怎麼做才能讓2隻角色同時動起來？

……
我知道了！
這要超高速交互下達指令嘛。
就像是忍者在水面上行走，趁沉下去之前，趕緊交互踏出另外一腳！
忍法水蜘蛛の術
嗯，抱歉。完全不對！
而且，你的比喻很難懂喔。
喔喔……
好吧，我給你提示。
里克。
正確答案不只有一個喔。
正確答案不只有一個？

畫筆
資料
運算
當 被點擊
當 空白 鍵被按下
當角色被點擊
當背景換成 backdrop1
當 聲音響度 > 10
當收到訊息 訊息1
廣播訊息 訊息1
廣播訊息 訊息1
這些「事件」類別的積木指令，
會根據滑鼠點擊、鍵盤操作，讓角色做出反應。
比方說，把這個…
「當旗幟（ ）被點擊」的積木指令…
分別堆疊到…
兩個角色指令的最上面，
移動 50 點
等待 1 秒
移動 30 點
再點擊這個旗幟的圖示——
喀嚓
！
啪
啪
啪
啪
啪
兩隻同時動起來了！

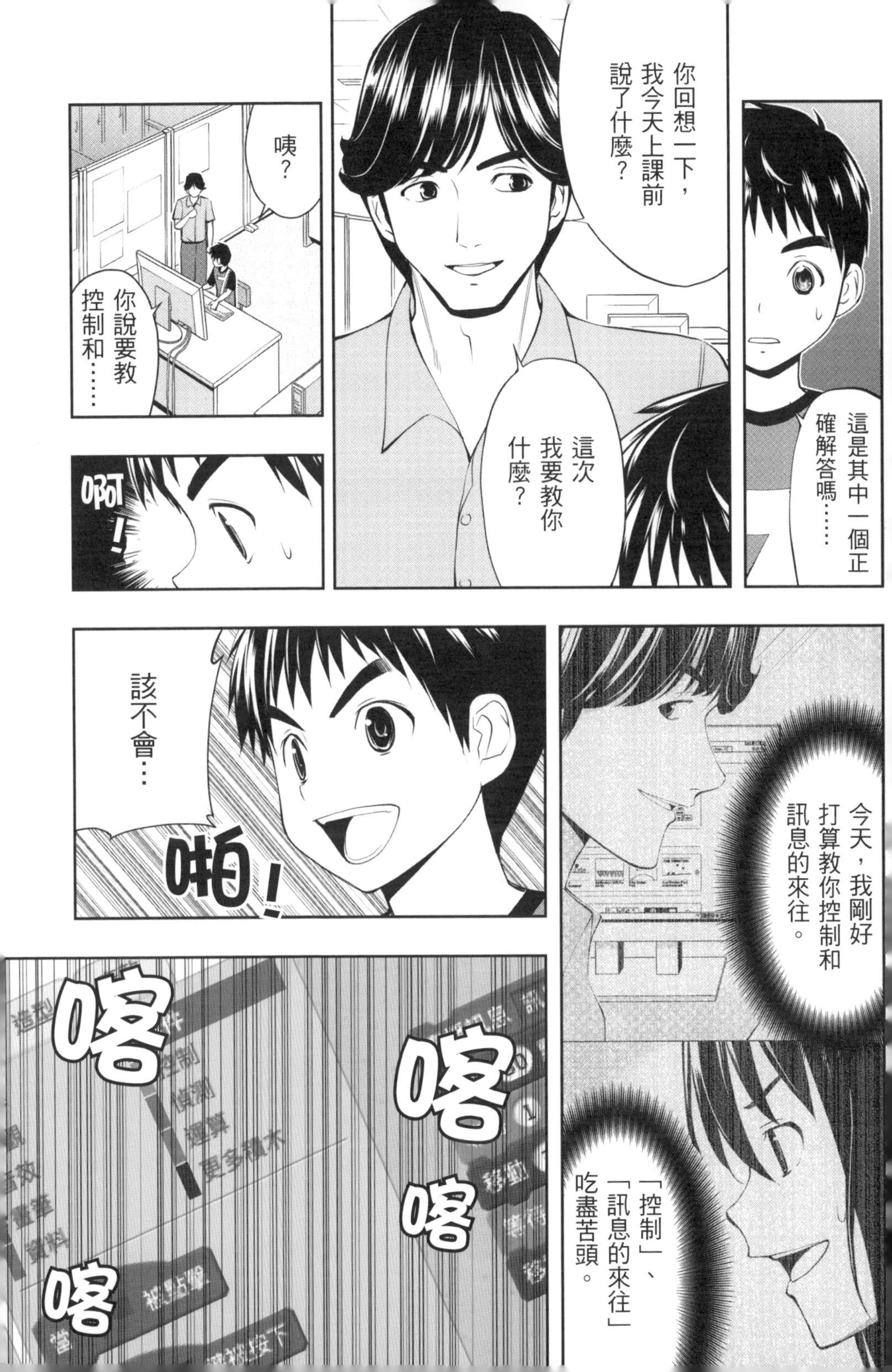
這是其中一個正確解答嗎……
你回想一下，我今天上課前說了什麼？
這次我要教你什麼？
咦？
你說要教控制和……
啊！
今天，我剛好打算教你控制和訊息的來往。
該不會…
啪！
「控制」、「訊息的來往」吃盡苦頭。
喀
喀
喀
喀
控制
偵測
運算
更多積木
移動

出
10
當
當收到訊息 訊息1
廣播訊息 訊息1
廣播訊息 訊息1 並等待
現!
還有「廣播訊息訊息1」……「當收到訊息訊息1」的積木!
訊息的來往指的就是這些吧!
在貓咪的程式積木中，把「廣播訊息訊息1」組合到「當旗幟被點擊」的下方。
x: -97
y: -89
當 被點擊
廣播訊息 訊息1
移動 30 點
等待 1 秒
移動 30 點
等待 1 秒
移動 30 點
當收到訊息 訊息1
移動 50 點
等待 1 秒
移動 50 點
等待 1 秒
移動 50 點
在蝙蝠的積木中，把「當接受到訊息 訊息1」組合到最上方。
在這樣的狀態下執行指令……
喀嚓
!!

資料
當
當
啪
啪
啪
啪
同時移動了!!
跟範例一樣的動作!
老師!!
非常正確!
你找到另一個正確解答了!
唔~~
太棒了!

貓咪執行指令後，馬上發送訊息給蝙蝠。
接收到訊息的蝙蝠，就會跟著動起來。
像這樣連動多個訊息的處理，就是訊息的來往。
原來如此～!!
多虧老師的幫忙，我現在大概會用Scratch了！
自滿！
可能已經不需要老師了喔～！
哼～嗯？
什、什麼啦……

搖頭……
攤手……
你才學了一點皮毛，就自以為了解全部……
真是可惜啊！
因為……
Scratch真正有趣的地方還在後面喔。
那是什麼？
真正有趣的地方!?
那就是……
事件驅動（event driven）!!
咚！
事件驅動!?

讓角色如同預期動起來

漫畫最後出現的「事件驅動」，
會在下一章詳細解說。
這邊先來看讓角色如同預期動作的積木功能吧。

積木分為十大類！

注意積木的類別！

積木的正式英文是「Script Block」，Script是「腳本」的意思。因為作為演者的角色會依照指令動起來，所以才比喻為表演的腳本。針對角色組合的程式積木，整個也可稱為Script。

根據不同的功能，積木分為「動作」、「事件」、「外觀」、「控制」、「音效」、「偵測」、「畫筆」、「運算」、「資料」、「更多積木」等十大類。這邊挑選需要先記住的積木類別來說明。

基本三大類

所有指令的基本！「動作」類別

「動作」類積木是眾多指令中的基本，大多是讓舞台區的角色左右移動或者轉動方向。

首先在下一頁，確認漫畫中出現的代表積木的用法吧。

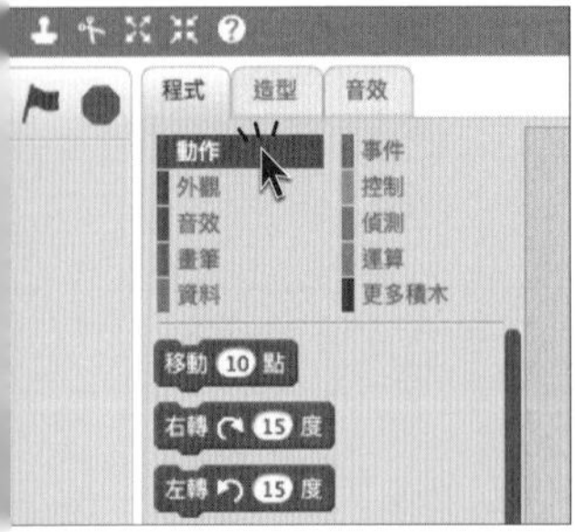

點選類別名稱，下面會出現相關的積木指令。

「動作」類別的代表積木

・移動○點

移動 10 點

讓角色朝向前方移動。○內的數字愈大，前進的距離愈長；○內的數字愈小，前進的距離愈短。

・碰到邊緣就反彈

碰到邊緣就反彈

讓角色移動到舞台區邊緣時，轉向掉頭繼續移動。

・迴轉方式設為～

迴轉方式設為 左-右

讓角色反彈時不改變面向，或者不上下顛倒僅左右相反的積木指令。

・x設為○

x 設為 0

・y設為○

y 設為 0

與角色的面向無關，決定角色在舞台區的位置。

關於角色的座標，
會在下一章
詳細說明！

「事件」類別有著許多好用機能

你是不是學會使用積木讓角色自由動起來了呢？

不過，當舞台區有許多角色時，就沒辦法讓各角色如同預期做出不同的動作。此時，「事件」類別的積木非常有幫助。漫畫中出現的「訊息」積木，也是屬於這個類別。

「事件」類別中有許多方便的積木，其中又以「訊息」的積木最為重要，請在這邊確實掌握用法吧。

「事件」類別的代表積木①

- **廣播訊息 訊息1**

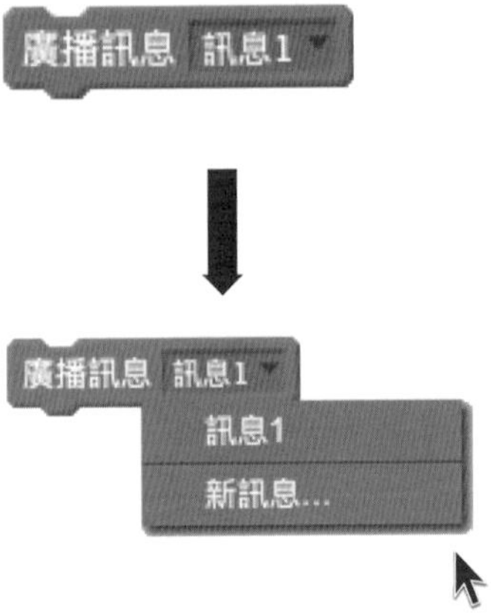

與「當收到訊息 訊息1」搭配使用，事前決定啟動「當收到訊息 訊息1」的信號，用來發送訊息出去。

點擊▼可選擇發送的訊息。選擇「新訊息」可自行決定訊息名稱。

- **當收到訊息 訊息1**

接受到來自「廣播訊息 訊息1」的信號後，執行該程式積木下面的指令。

「事件」類別的代表積木②

・當 🏴 被點擊

點擊舞台區塊右上角的旗幟標示時，就會執行程式積木下面的指令。

旗幟的按鈕在舞台區塊的右上方，標示為綠色的圖案。

・當～鍵被按下

按下指定的按鍵時，會執行該程式積木下面的指令。

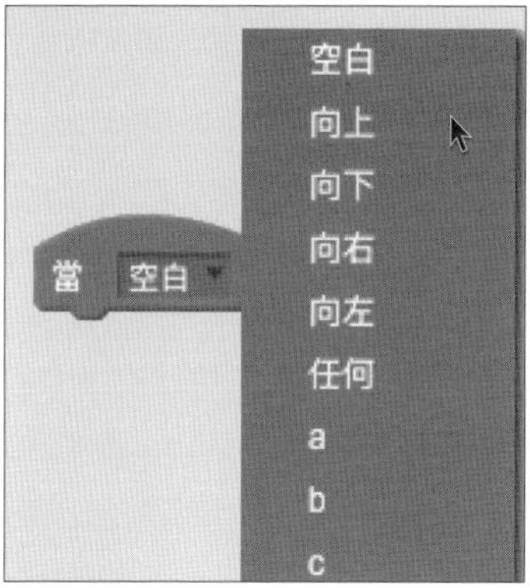

點擊▼可決定按下哪個按鍵時執行。

・當角色被點擊

點擊角色本身時，會執行該程式積木下面的指令。

複雜的指令也沒問題 「控制」類別

漫畫中出現的「等待1秒」，是「控制」類積木之一。這類積木可決定在什麼時間點執行積木指令，或者重複某項指令等下達複雜的指令。

此類別當中，亦有自動判斷複雜邏輯的積木，像是「如果～那麼，否則～」等等。

在程式設計的世界，「如果～那麼」等邏輯判斷稱為「條件分歧」。在製作遊戲、動畫時，都會用到條件分歧。首先，這邊先來看這些積木的基本用法吧。

「控制」類別的代表積木①

・等待〇秒

可決定執行上面的積木指令後，經過多少秒才執行下面的積木指令。

・重複〇次

在中間的溝槽穿插別的積木來使用，反覆〇次中間穿插的積木指令。

將想要穿插的積木拖放到溝槽中，積木就會自動鑲嵌進去。

「控制」類別的代表積木②

・重複無限次

不斷重複執行中間穿插的積木指令。

・如果～那麼

在「如果」的後面嵌入零件積木，如果角色的狀態符合零件積木的條件，則會執行中間穿插的積木指令。

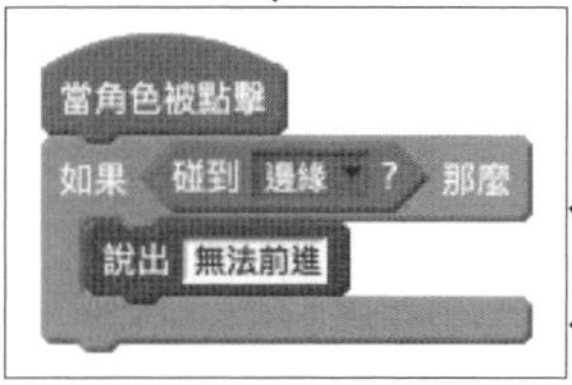

下達「當角色被點擊後，如果碰到邊緣，便說出『無法前進』」的指令。

當角色碰到舞台邊緣時，會執行「說出『無法前進』」的指令。

角色未碰到邊緣時，如果沒有下達其他指示，則沒有其他動作。

・如果～那麼，否則

跟「如果～那麼」的積木相同，需要鑲嵌零件積木來使用，且可再穿插條件不符零件積木時的指令。

注意這兩隻角色

在漫畫中，使用程式積木讓貓咪和蝙蝠兩個角色同時動起來。不過，讓角色同時移動的程式積木，正確解答不只有一種。

那麼，該如何組合積木，才能讓角色像漫畫中一樣動起來呢？

這邊就來看漫畫中里克他們的程式積木，順道複習裡頭的積木指令吧。

老師所作的程式積木是同時對兩個角色使用「當旗幟被點擊」，由旗幟分別對角色發送信號。

而里克所作的程式積木是只對貓咪使用「當旗幟被點擊」，對蝙蝠的指令則是由「廣播訊息訊息1」來下達。

谷口老師做的程式積木

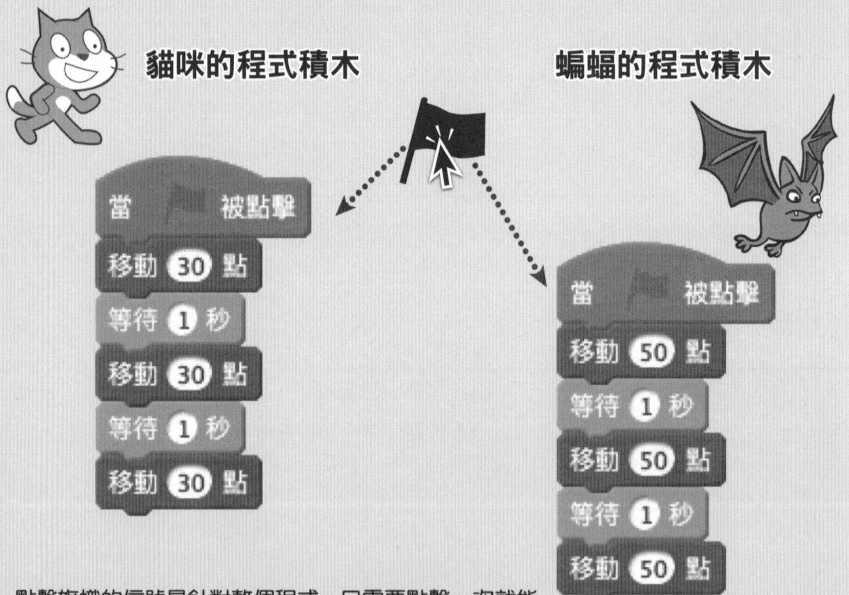

貓咪的程式積木
當 被點擊
移動 30 點
等待 1 秒
移動 30 點
等待 1 秒
移動 30 點
蝙蝠的程式積木
當 被點擊
移動 50 點
等待 1 秒
移動 50 點
等待 1 秒
移動 50 點

點擊旗幟的信號是針對整個程式，只需要點擊一次就能對所有組合「當旗幟被點擊」的角色發送信號。

漫畫中角色之間的關係

不管是哪一種程式積木，角色在舞台上的動作皆相同。

里克做的程式積木

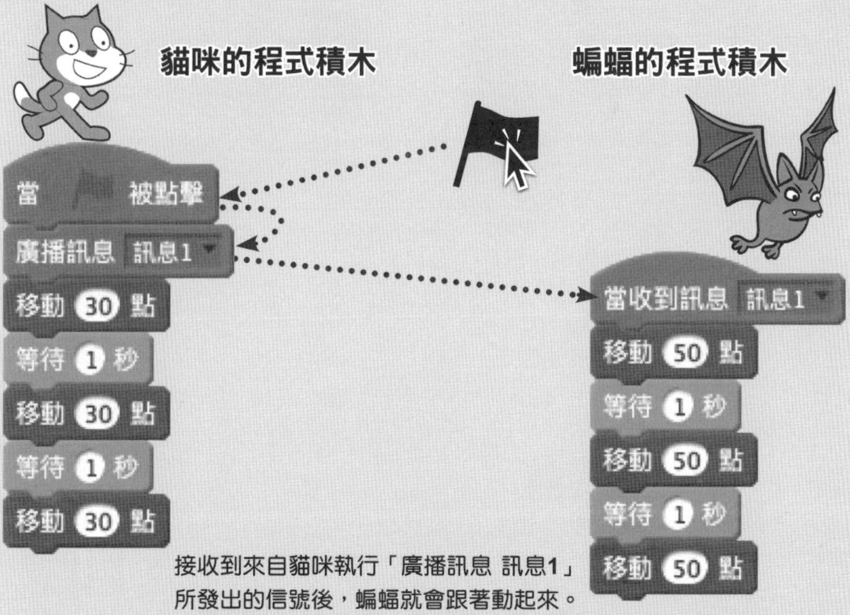
貓咪的程式積木
當 被點擊
廣播訊息 訊息1
移動 30 點
等待 1 秒
移動 30 點
等待 1 秒
移動 30 點
蝙蝠的程式積木
當收到訊息 訊息1
移動 50 點
等待 1 秒
移動 50 點
等待 1 秒
移動 50 點

接收到來自貓咪執行「廣播訊息 訊息1」所發出的信號後，蝙蝠就會跟著動起來。訊息的來往只發生在一瞬間，所以兩隻角色會同時動作。

不小心用錯積木時怎麼辦？

・先分離再刪除

在組合積木時，肯定會碰到想要刪去錯誤的積木吧。

Scratch積木分離與刪除的方式有些不同，請各位先在這裡練習一下吧。

・分離積木的方式

在分離積木的時候，使用滑鼠點住想要分離的積木拖放，會「連同組合在下面的所有積木」一起分離。

若只想要分離夾在中間的積木，請先點住該塊積木拖放，連同下面的所有積木一起分離，再點住分離的積木中更下面一個積木拖放，分離出不想要的積木。

刪去不要的積木後，再將剩下的積木組合在一起就行了。

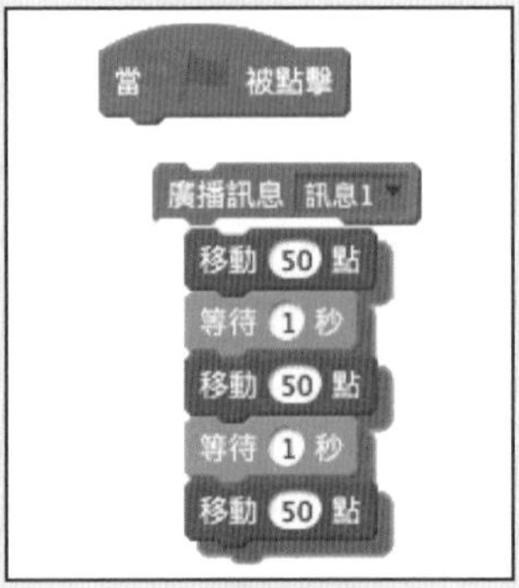
當 被點擊
廣播訊息 訊息1
移動 50 點
等待 1 秒
移動 50 點
等待 1 秒
移動 50 點

夾在中間的積木需要分兩次來分離。

・刪除積木

直接在積木上點滑鼠右鍵選擇「刪除」，或者點選舞台區塊上面的剪刀圖示後，再點擊想要刪除的積木，就能刪去不想要的積木。

不過，這兩種做法都會「連同下面的所有積木」一起刪除，所以操作時注意不要一併刪掉還需要的積木了。

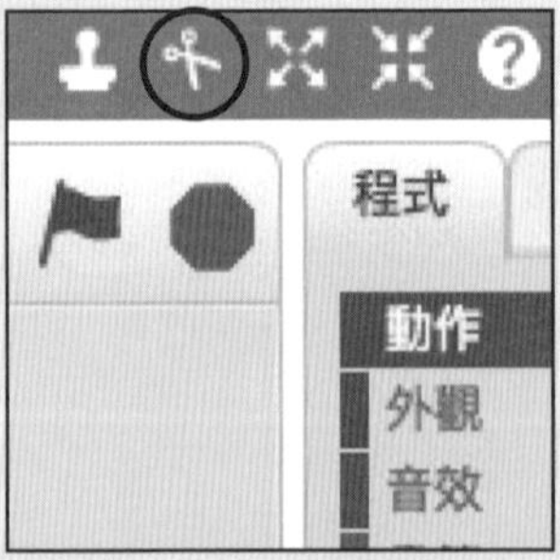
程式
動作
外觀
音效

剪刀的圖示就在旗幟圖示的上面。

Chapter 4

熟習積木的使用！

Scratch真正有趣的地方…嗎？
早啊。
早安。
老師說的事件驅動，會是什麼必殺技嗎？
事件驅動
拓海……！
真巧，竟然在這邊遇到你。
里克！
出現………

真巧？在上學的路上當然會碰到啊。
這、這麼說也是……
比起那個！之前提到的Scratch，
你現在學到什麼地方？
哼哼！
我上次因為沒有自信而逃走，
現在的我可是跟那個時候不同了！
因為……我已經知道Scratch有必殺技……！
事件驅動
我嗎？學會事件驅動而已！
其實還沒學到……

啊，什麼嘛。你才學到那裡啊……
完全沒有效果……！
可惡！只不過得過獎，少在得意忘形了！
我才沒有得意忘形！
反正我一下子就能精通程式設計！
輕鬆啦、輕鬆啦！
……！
你說……輕鬆？
抓住
！
程式設計才沒有那麼簡單！
你根本完全不懂!!
抓住
幹、幹嘛啦！突然……

別這樣！你們在吵什麼？
唯依！
沒什麼…
轉身……
啊……他先走了。
真是的!!一定又是里克亂說話吧。
才不是!!
哼……
什麼嘛，那傢伙……

拓海那小子
竟然從早上就
無視我……
真氣人！
哼！
！
放學後——
什麼態度
啊～!!
肚
子
氣

H 2 O
啪！
老師！
趕快教我啦！
怎麼做出事件驅動！
嗯……？
用餐中
可以是可以，但是……
她是里克的朋友嗎？
咦？

唯依!?
妳怎麼在這裡！
早上發生這樣的事情，我很在意，就追上來了。
原來如此，你和拓海發生那樣的事情啊……
話說……
那傢伙幹嘛氣成那樣！

他生氣的理由……
可能跟今天的課程有點關係喔。
咦？
對了，妳要不要一起學習程式設計呢？
可以嗎？其實，我也有一點興趣！
咦咦!? 怎麼這樣！老師～
有什麼關係？人愈多肯定愈好玩嘛。
那麼，我們開始吧！

所謂事件驅動是…
不像前面事先決定角色的動作指令，
而是由我們這邊操作，讓角色根據操作做出反應。
根據操作做出反應？
喀嚓
看一下這個畫面。
喀嚓
Untitled
ファイル
へんしゅう
ヒント
せつめい
喔！
這次的角色是飛龍！

你試著按下鍵盤的上下左右鍵。
好！
喀嚓
啊……？
照著按鍵移動了！
四處移動
移動
上下左右移動
像這樣根據人為操作改變動作的程式，
就是事件驅動。
這也能用組合積木做到嗎？
可以！你理解得很快嘛。
嘿嘿！
那麼，里克，
你點一下程式區的「事件」。

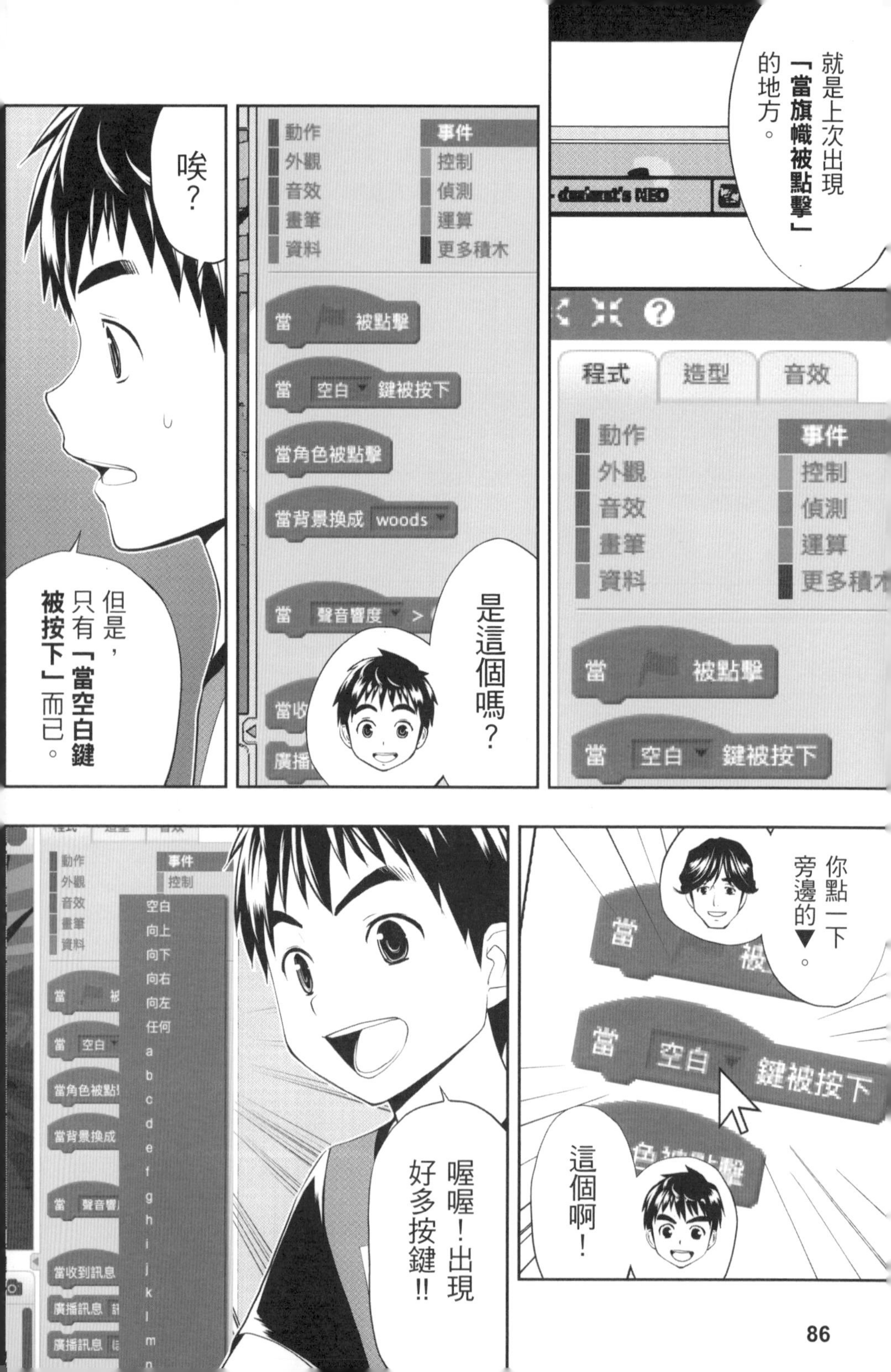
就是上次出現「當旗幟被點擊」的地方。
是這個嗎？
唉？
但是，只有「當空白鍵被按下」而已。
你點一下旁邊的▼。
這個啊！
喔喔！出現好多按鍵!!

其中……
控制
空白
向上
向下
向右
向左
任何
有了！這個對吧，「向右」。
沒錯、沒錯！
然後，在下面組合「移動10點」的積木……
當 向右 鍵被按
移動 10 點
！
成功了！按下方向鍵，就會移動了!!
喀嚓
喀嚓
喀嚓
……但是，這樣只能向右移動。
要怎麼做才能往反方向移動？
你問得很好。

你把積木的點數設為負10點。
移動 10 點
移動 -10 點
好喔！
不斷退後
向後走
喔！向左移動了！
原來如此～!!
往右是正、往左是負的意思嘛！
嗯？但是，按下向右鍵卻往左移動，這不是怪怪的嗎？
喀嚓
喀嚓
因為你改變移動方向，但方向鍵指令卻維持原狀。
只要把「事件」積木的指令修正為「向左」就解決了。
當 向右 鍵被按下
當 向左 鍵被按下
什麼嘛，簡單啦！
真希望飛龍能夠自己判斷這點小事。
對啊。
別為難牠啊。

所謂的程式設計，就是讓電腦正確執行收到的指令。
遊戲也是這樣吧。如果角色人物無視玩家的操作，自顧自地動起來，場面會很混亂吧？
也是啦……
連這麼細瑣的地方都得考慮進來，才能下達正確的指示……
製作遊戲比我想像得還要困難。
這樣的話，
那傢伙肯定……

里克？怎麼了嗎？
哈！！
啊！沒什麼啦。
對了，這樣只能左右移動吧？
不能夠上下移動嗎？
向左
向右
你注意到不錯的地方。
繼續剛才的方向鍵，但這次試著用「座標」來思考吧。
座標？
將舞台區的左右用x座標切割、上下用y座標切割，劃分出細小的刻度。
愈往右移動，x座標的刻度愈大；愈往上移動，y座標的刻度愈大。
10
5
−10
−5
0
5
10
−5
−10

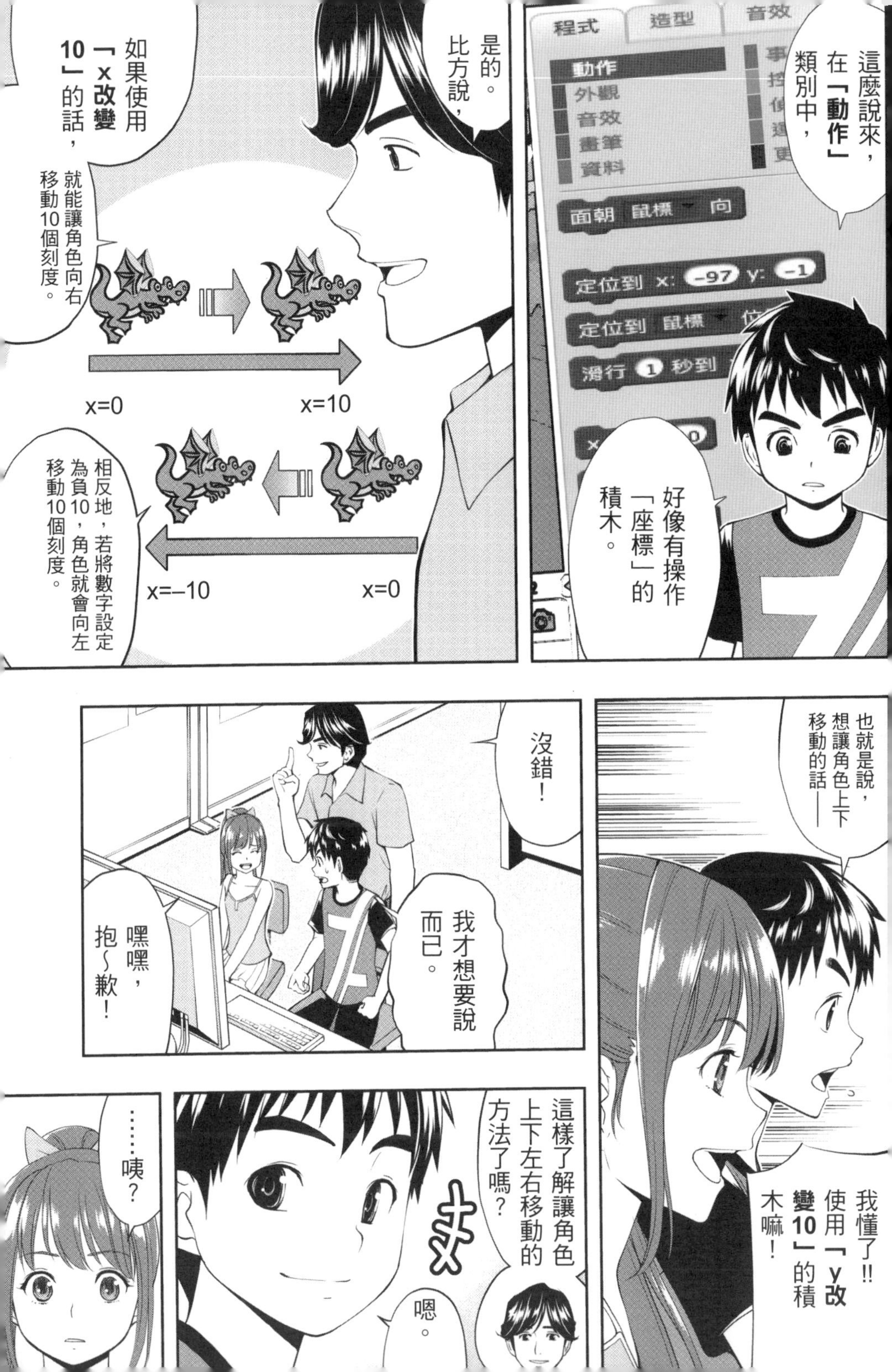
這麼說來，在「動作」類別中，
程式
造型
音效
動作
外觀
音效
畫筆
資料
面朝 鼠標 向
定位到 x: -97 y: -1
定位到 鼠標
滑行 1 秒到
好像有操作「座標」的積木。
是的。比方說，
如果使用「x改變10」的話，
就能讓角色向右移動10個刻度。
x=0
x=10
相反地，若將數字設定為負10，角色就會向左移動10個刻度。
x=0
x=–10
也就是說，想讓角色上下移動的話——
我懂了!!使用「y改變10」的積木嘛！
沒錯！
我才想要說而已。
嘿嘿，抱～歉！
這樣了解讓角色上下左右移動的方法了嗎？
嗯。
……咦？

造型
音效
這個「造型」是用來做什麼的？
該不會可以幫飛龍換衣服吧!?
跟換衣服不太相關……
那麼，實際做做看吧。
造型
音效
喀嚓！
第一個圖跟舞台區的飛龍相同，
1
dragon1-a
131x122
2
dragon1-b
168x114
但下面的飛龍在噴火耶。
像這樣不同的角色姿態，在Scratch中稱為「造型」。
造型換成
dragon1-b
碰！
然後，使用「外觀」中的「造型換成～」，
就能夠下達改變造型的指令。
變身

啊，該不會⋯⋯
等我一下！我來試試看。
滑動
喀嚓
喀嚓
怎麼樣？這樣的程式積木！
出現
x: -134
y: 12
當 空白 鍵被按下
造型換成 dragon1-b
等待 1 秒
造型換成 dragon1-a
喔！不錯耶～
你看、你看！這樣按下空白鍵後，
當 空白 鍵被按下
造型換成 dragon1-b
就會執行「造型換成dragon1-b」，飛龍開始噴火！
噴火！
而且，因為中間穿插「等待1秒」，
再組合「造型換成dragon1-a」的積木，
等待 1 秒
造型換成 dragon1-a
啪！
1秒後又會變回原狀！

這樣就能讓飛龍反覆噴火了！
漂亮！「控制」類別的「等待〇秒」用得很棒！
里克，你好厲害！
嘿嘿……
啊，說到「控制」類別，
如果 那麼
否則
這個形狀像叉子的積木要怎麼使用？
如果 那麼
否則
碰到 鼠標 ?
如果 碰到 鼠標 ? 那麼
否則
這種積木不能單獨使用，
需要在有孔洞的地方，鑲嵌其他積木才能使用。

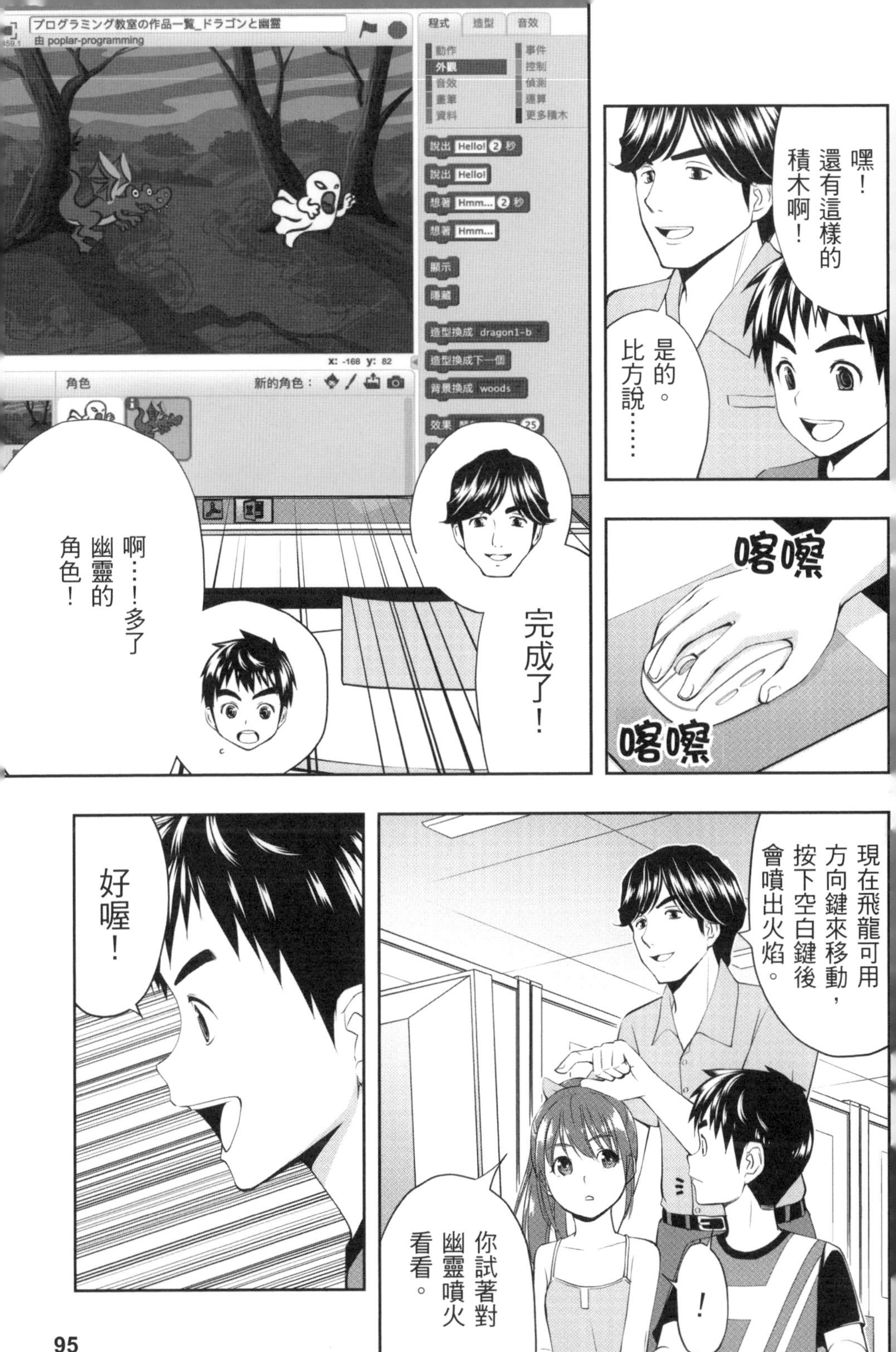
嘿！還有這樣的積木啊！
是的。比方說……
喀嚓
喀嚓
プログラミング教室の作品一覧_ドラゴンと幽霊
由 poplar-programming
程式
造型
音效
動作
外觀
音效
畫筆
資料
事件
控制
偵測
運算
更多積木
說出 Hello! 2 秒
說出 Hello!
想著 Hmm... 2 秒
想著 Hmm...
顯示
隱藏
造型換成 dragon1-b
造型換成下一個
背景換成 woods
效果
x: -168 y: 82
角色
新的角色：
完成了！
啊……！多了幽靈的角色！
現在飛龍可用方向鍵來移動，按下空白鍵後會噴出火焰。
你試著對幽靈噴火看看。
！
好喔！

Untitled
程式
好燙～
顯示
隱藏
造型換成 dragon1-b
x: 240 y: -40
新的角色：
喔！幽靈說話了。
他說：「好燙～」
如果火焰沒有碰到幽靈呢？
我試試看！
喀嚓
沒打中～
！
他說：「沒打中～」真是欠打耶～
這很有趣吧？
嗯！真的很像遊戲。
當 空白 鍵被按下
造型換成 dragon1-b
廣播訊息 火焰
等待 1 秒
造型換成 dragon1-a
當收到訊息 火焰
如果 碰到 Dragon ? 那麼
造型換成 ghost2-a
說出 好燙～ 2 秒
否則
造型換成 ghost2-b
說出 沒打中～ 2 秒
怎麼樣？
你差不多懂程式積木下達哪些指令了吧？
嗯～！大概懂了！

由飛龍發送「火焰」的訊息，
「火焰」的訊息
噴射火焰
幽靈收到後——
當收到訊息 火焰
如果 碰到 Dragon ? 那麼
造型換成 ghost2-a
說出 好燙~ 2 秒
否則
造型換成 ghost2-b
說出 沒打中~ 2 秒
當 空白 鍵被按下
造型換成 dragon1-b
廣播訊息 火焰
等待 1 秒
造型換成 dragon1-a
這個像是叉子的積木，
碰到的場合
=
「好燙~」
如果 那麼
否則
沒有碰到的場合
=
「沒打中~」
就會下達指令，讓幽靈根據有沒有碰到飛龍，做出不同的反應囉？
非常正確！
這個「碰到~」的積木是第一次出現嘛。
是的。這是「偵測」類積木之一，
用來偵測角色現在呈現的狀態。

這個例子，是偵測幽靈有沒有碰到飛龍的火焰嘛！
如果
觀察！
就是這回事！
啊——！我才想要說呢～
你就只會說這句！
里克，你覺得今天的課程如何？
嗯……
非常好玩，
但需要記的東西突然增加，讓我都頭昏了！

哈哈……真是老實。
還有，才做出這一點東西而已，沒想到就這麼複雜！
沒錯。想要做出好玩有趣的遊戲，
可是要付出多好幾十倍的時間和努力。
嗯……！
那麼，里克？
如果這樣的辛苦被其他人輕視的話……你會有什麼感受？
我當然會非常生氣啊——

這樣啊……
所以拓海才會那麼生氣……
啊……！
那傢伙多麼努力設計程式，
我一點都沒有注意到……
拍
打
我對他說了很過分的話！

里克……？
我決定了！
喀噠！
我得……
向拓海好好道歉才行!!

製作遊戲的第一步！

**角色如同自己的意思動起來了嗎？
一起在這個章節，學習如何做出讓角色變身、
像遊戲一樣流暢操作的程式吧！**

事件驅動的真面目是？

事件驅動與非事件驅動程式的不同

前面製作的程式積木，都是點擊旗幟標示，讓動畫影片自己動起來。但是，做不出讓角色依照自己的意思動作，並可攻擊敵人的遊戲。其中，使用「事件」類別的積木，靠著點擊滑鼠、按壓按鍵讓角色做出反應，驅動這個程式動作的，就是事件驅動。

其實，在69頁出現的「當～鍵被按下」，讓角色朝想要的方向移動，即為一種事件驅動。

下面就來看看，為了讓角色從如同動畫般動作的演出，轉為能夠變身、經由玩家操作做出不同的動作，需要知道、熟練哪些積木指令。

非事件驅動的程式
先跑起來，再跳起來、最後停下來！
事件驅動
按下向右鍵就跑起來。
按下向上鍵就跳起來。
按下向下鍵就停下來。
下一個指令會是什麼？

只能做出事前決定的動作。

根據玩家的操作，改變下一個做出的動作。

讓角色動作進化的兩大類別

從說話到變換外型「外觀」類別

「外觀」類別的積木可以改變創建角色的大小、顏色，或者讓他說出文字。

另外，角色有稱為「造型」的第二、第三型態，「外觀」類別的積木也可用來更換角色的外型。

熟練此類積木後，能夠大幅增加角色的表現方式，一起熟記其用法吧。

「外觀」類別的代表積木①

・說出～〇秒

說出 Hello! 2 秒

讓角色持續說出四角形框框中的文字〇秒。

能讓角色像前面的漫畫一樣說話。

超過設定的秒數後，角色的台詞就會消失。

・說出～

說出 Hello!

讓角色說出四角形框框中的文字，角色說出來的台詞會一直出現在舞台上。

「外觀」類別的代表積木②

・顯示／隱藏

讓角色在舞台區看不見或者看得見的積木。看不見的角色並非從舞台上刪除，所以還是可以下達其他的指令。

在46頁學到的「角色屬性」介面，「顯示」的選項也跟此積木有同樣的效果。

・造型換成～

讓角色的型態變成另一種外型。
不同的角色有不同的造型種類與數量。

・尺寸改變〇

每次使用只改變〇中數字的角色大小。輸入負數可讓角色變得比原本還要小。

仔細檢查發生的事情！

「偵測」類別

「偵測」是要調查什麼呢？此類積木是用來偵測角色的當下狀態，如「有沒有按下鍵盤、滑鼠」、「角色有沒有碰到其他東西」等等。利用這項功用，組合71頁學到的「如果～那麼」等，能夠做出讓角色根據偵測結果改變動作的程式。

雖然使用上需要一點技巧，但經過幾次操作熟習之後，肯定能體會到其方便之處。請讀者務必挑戰看看。

「偵測」類別的代表積木①

• 碰到～？

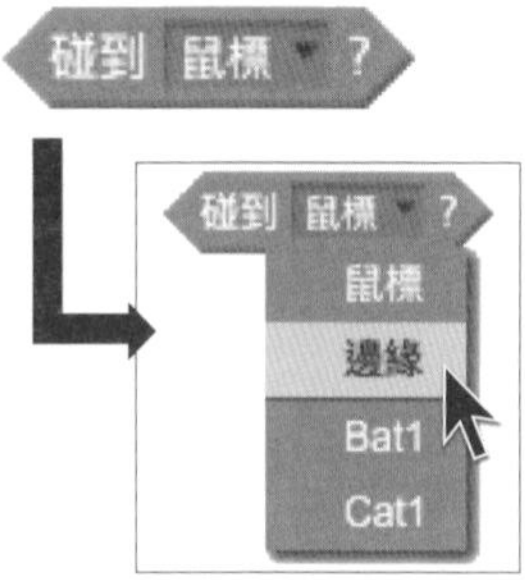

偵測有沒有碰到滑鼠游標（在Scratch中稱為「鼠標」）、其他角色或者畫面邊緣。

點擊▼可選擇滑鼠游標、畫面邊緣，或者出現在舞台區的角色名稱。

• 碰到顏色～？

偵測有沒有碰到四角形框框中的顏色。

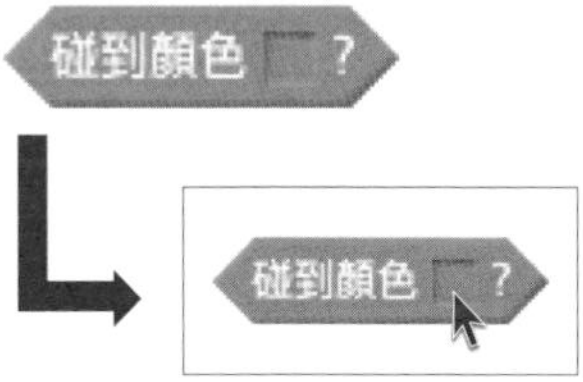

首先，點擊四角形框框。

接著，再點選畫面上想要選擇的顏色，四角形框框的顏色就會變成該顏色。

「偵測」類別的代表積木②

・詢問～並等待

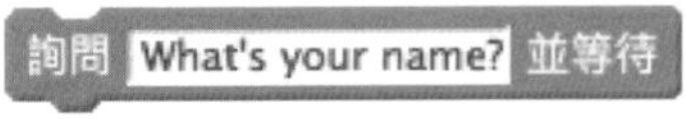
詢問 What's your name? 並等待

在四角形框框中鍵入文字後，角色說出台詞的同時，舞台畫面上會出現讓人輸入文字的答案欄。角色會等待使用者輸入文字後，才執行下一個動作。

What's your name?

輸入文字的答案欄出現在舞台區塊最下方。

・詢問的答案

詢問的答案

代表組合「訊問～並等待」讓角色提出問題時，使用者在答案欄鍵入的答案。
作為零件積木，鑲嵌於運算等積木來使用。

・～鍵被按下

空白 鍵被按下？

執行此積木指令後，程式會偵測某鍵有沒有被按下。

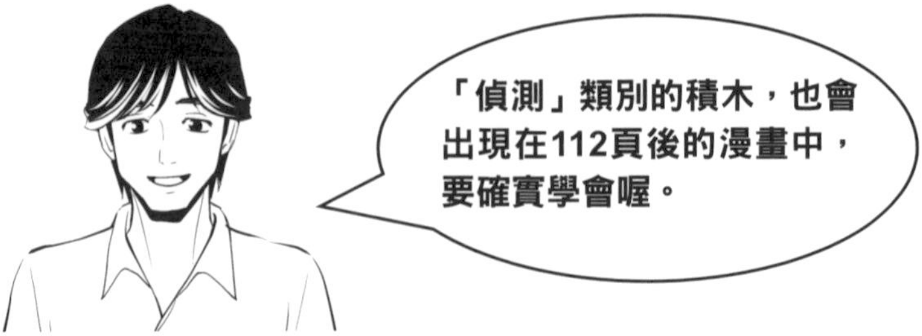
「偵測」類別的積木，也會
出現在112頁後的漫畫中，
要確實學會喔。

熟練「座標」的用法！

使用「座標」隨心所欲指定位置

拖曳舞台上的角色，會發現舞台區塊右下角的數字會變來變去。這兩個數字標示了該角色所在位置的「座標」。

所謂的座標是「像方格紙一樣用縱橫線切割舞台區，位於第幾條縱線和第幾條橫線的交會處」，以兩數字表示角色在舞台上的位置。座標的兩個數字能夠表示舞台上的任意位置。

左右為x軸、上下為y軸

座標的兩個數字，是用x表示左右、y表示上下。Scratch的舞台區正中央為x：0、y：0，從正中央愈往右移動，x的數字會愈大；愈往上移動，y的數字會愈大。相反地，從正中央愈往左移動，x的負數會愈小。

雖然座標的思維不容易掌握，但熟習之後，就能使用「x設為○」的積木，讓角色移動到想要的位置，或者讓角色突然出現在事前指定的位置。在製作遊戲時，這是非常方便的指令，務必掌握用法。

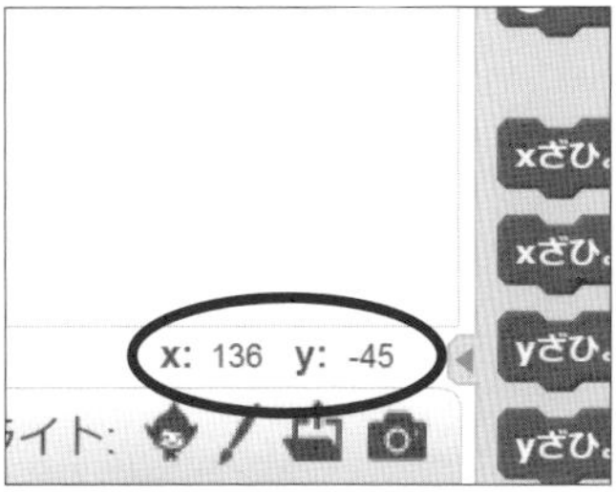

座標數字不明顯，但會常態顯示於右下角。

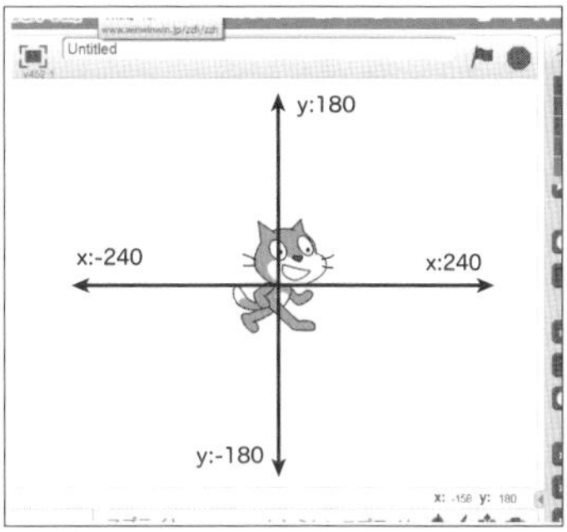

舞台區最右側為**x：240**、最左側為**x：–240**、最頂端為**y：180**、最底端為**y：–180**。

複習程式積木

這章出現的程式積木，如同複習前面學到的所有觀念。

像是飛龍與幽靈間的「火焰」訊息來往、使用「當~鍵被按下」的事件驅動等等。

特別是飛龍的指令「廣播訊息 火焰」，是連動飛龍與幽靈的重要關鍵。

請對照下面的圖示確認。積木指令的執行順序。

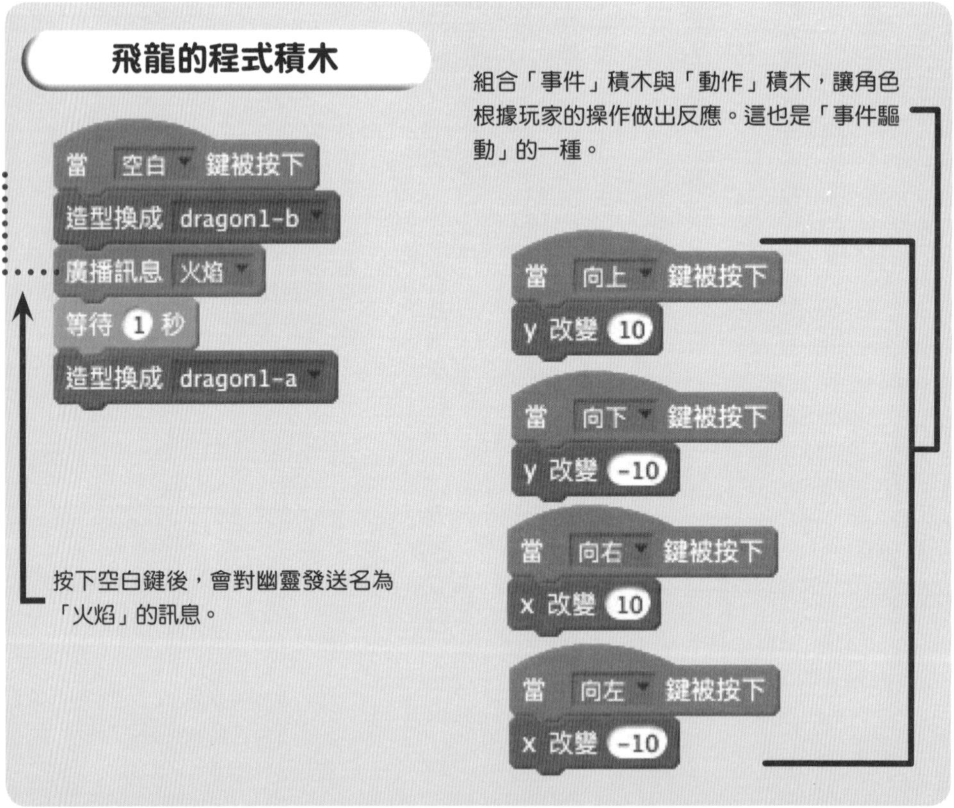
飛龍的程式積木
當 空白 鍵被按下
造型換成 dragon1-b
廣播訊息 火焰
等待 1 秒
造型換成 dragon1-a
按下空白鍵後，會對幽靈發送名為「火焰」的訊息。
組合「事件」積木與「動作」積木，讓角色根據玩家的操作做出反應。這也是「事件驅動」的一種。
當 向上 鍵被按下
y 改變 10
當 向下 鍵被按下
y 改變 -10
當 向右 鍵被按下
x 改變 10
當 向左 鍵被按下
x 改變 -10

漫畫中角色之間的關係

自己選擇需要的積木指令！

有沒有複習到前面學過的東西呢？其實，使用前面出現的積木，已經足以創作簡單的動畫、遊戲了。只要自己構想欲加創作的內容，應該就能清楚知道下一步該做什麼。

想要製作一個場景接續另一個場景的動畫？想要製作不斷打出高分的遊戲？這些動畫、遊戲所需要的積木指令，都已經在Scratch裡頭了。

一面想像自己想要創作的作品，一面思索需要的積木指令吧！

幽靈的程式積木

當接收到「火焰」的訊息後，才會開始執行動作。

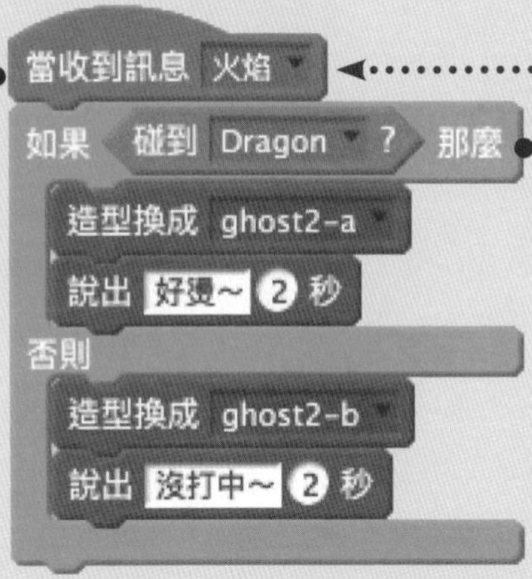
當收到訊息 火焰
如果 碰到 Dragon ? 那麼
造型換成 ghost2-a
說出 好燙～ 2 秒
否則
造型換成 ghost2-b
說出 沒打中～ 2 秒

以有沒有碰到飛龍作為條件，執行條件分歧。

接收到「火焰」訊息時，會先判斷有沒有碰到飛龍，再將結果傳至「如果～那麼，否則」的積木。

方便的積木指令①

・作曲也不是問題！「音效」類別

Scratch中的積木指令非常多，無法從漫畫中一一介紹，像是「音效」類別的積木，能夠自己製作從電腦發出的聲音。

這類積木能夠發出各種樂器的聲音、敲打大鼓等的節拍，做出遊戲中出現的效果音。

下面就來介紹「音效」類別中，經常用到的代表積木吧。

「音效」類別的代表積木

・播放音效～

播放音效 pop

讓角色發出內建音效的積木，像是貓咪角色的貓叫聲、汽車角色的喇叭聲等等，但有些角色沒有錄製聲音。

・演奏節拍〇〇拍

演奏節拍 1 0.25 拍

能夠發出一次鼓聲。
反覆使用此積木指令，能夠敲打出節奏。

・演奏音階〇〇拍

演奏音階 60 0.5 拍

第一個〇決定音高，第二個〇決定音長，能夠發出指定的聲音。大量使用此積木指令，能夠演奏出樂曲。

Chapter 5

如何製作出題軟體？

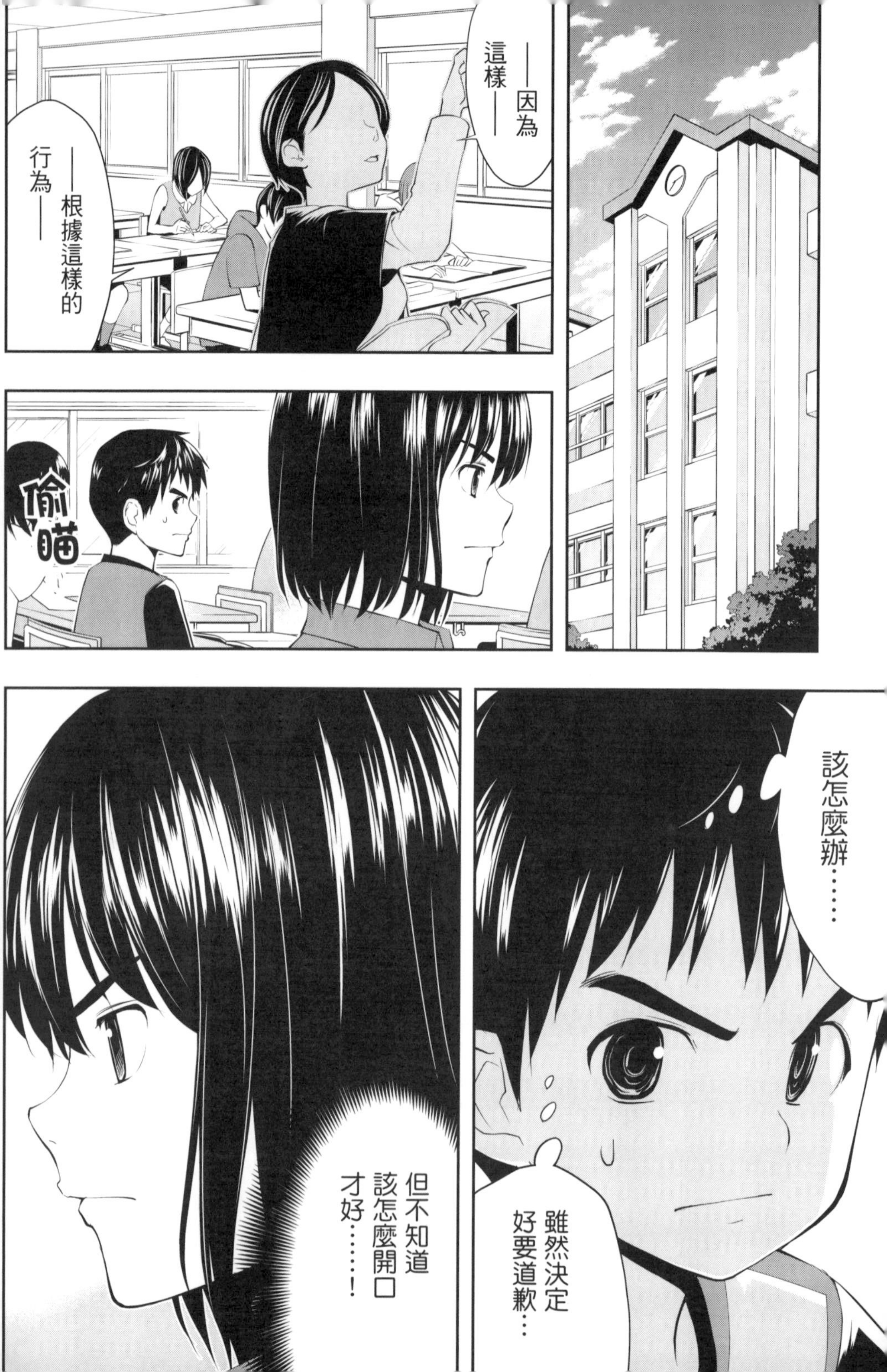
——因為這樣——
——根據這樣的行為——
偷瞄
該怎麼辦……
雖然決定好要道歉…
但不知道該怎麼開口才好……！

下課時間
喧鬧
嘈雜
一起去上廁所吧。
喂！拓海。
起身……
？
可以打擾一下嗎？
唉，一不做二不休！
有什麼事嗎？
喔！怎麼了？
喧鬧
驚嚇！
!!
嘈雜
吵架嗎？
我、我有話跟你說！

真是的！
抓住！
你跟我來啦!!
喂、喂！
嗟！
里克!? 等一下!!
什麼啦，真是的……

對不起……
低頭
我……之前不知道你有多麼厲害！
根本不知道製作遊戲那麼困難……!!
我想道歉!!
非常對不起！
哈哈……
噗！
！
幹嘛啦！有什麼好笑的！
抱歉、抱歉。

我還以為你要打我。
我才不會出手打人呢！
呼……
我……我也說得有些過分。
一提到程式設計，我就很容易生氣……
咚……

那麼，我們就扯平了！
キ
哈哈……
說的也是。
出現……
！
——咦？
你們和好了？
你們在這裡啊!?
我找了好久唷！
呼
呼

對啊！男人之間的友情嘛！
勾肩！
對吧！拓海!!
……
什麼啊…
拓海說他也想去谷口老師那邊。
真的嗎？
嗯。我想聽聽專業工程師的想法。
都是拓海拚命拜託我讓他加入啦～
什……！我才沒有這樣說！
我只是想學習程式設計而已！
大笨蛋里克！
你說什麼～！
學程式設計是沒有關係，但也要讀書唷！
下個禮拜有數學和國語的考試吧？
哈！

咦？
有這回事？
班導不是剛剛才說嗎？
……！
轉頭
我也有聽到喔。
完全不曉得
哇啊啊啊!!
騙人的吧～！
放學後——
H 2 O
——因為這樣，遇上大危機了！
沒有馬上能夠考滿分的程式嗎？

哪有可能有這麼方便的程式。
不問問看怎麼知道沒有？
有嗎？老師！
轉頭
嗯……
刺穿！
怎麼可能有那麼方便的程式。
嗚哇！
學無捷徑！
不斷反覆練習計算問題……
雖然沒有考滿分的程式，
但可能有幫助學習的程式喔！
啊！對喔。

什麼意思？
喀嚓！
Scratch除了動畫、遊戲之外，
還可以製作出題軟體。
喀嚓！
轉動！
啊……角色在問算數問題。
2×2等於？
下面的鼠標是做什麼的？
角色
這邊是輸入答案的地方。
好厲害！這是怎麼做出來的？

碰到顏色 ？
顏色 碰到 顏色 ？
與 鼠標 的間距
詢問 What's your name? 並等
詢問的答案
鍵被按下？
試著看一下「偵測」類別，
這邊用到「詢問～並等待」的積木。
再說得詳細一點啦！
這塊積木的孔洞可鑲嵌其他積木進去，
插入作成問題內容的積木。
詢問 字串組合 2 和 字串組合 X 和
且
或
不成立
字串組合 hello 和
字串中第 1 字(
字串長度(world)
的餘數
這邊會使用「運算」類別的積木「字串組合～和～」喔。
比起直接在「詢問～並等待」中直接輸入「2×2等於？」，這樣後面更能做出不同的應用。
Scratch Project Ed
程式 造型 音效
動作 外觀 音效 畫筆 資料
事件 控制 偵測 運算 更多積木
詢問 字串組合 2 和 字串組合 X 和
碰到 鼠標
並等待
如同「偵測」類別為藍色；「運算」類別為黃綠色，
每種類別的積木顏色不相同，我們可以根據顏色來尋找想要的積木。

不成立
字串組合 hello 和
字串中第 1 字(world
但是，要怎麼表示「2×2等於？」
試著看一下我組合的積木。
啊……重複使用積木？
2 和 字串組合
沒錯！插入相同的積木**「字串組合～和～」**來取代文字。
字串組合 2 和
字串組合 X 和
字串組合 2 和 等於？
字串組合 2 和 字串組合 X 和 字串組合 2 和 等於？
嘿～這樣做出來啊。
這樣只能夠出問題而已，還需要對照解答才行。
嗯、嗯！這要怎麼做？
稍微等我一下～

偵測
運算
更多積木
詢問 字串組合 2 和 字串組合 x 和 字串組合
如果 詢問的答案 = 2 * 2 那麼
說出 正確答案
否則
說出 算錯了
碰到顏色 ?
顏色 碰到
與 鼠標
詢問 What's y
完成了！
啊，這個……
跟幽靈碰到飛龍的火焰時，會改變造型的程式積木有點像？
沒錯。那個時候改變造型的條件是……
當 空白 鍵被按下
造型換成 dragon1-b
廣播訊息 火焰
等待 1 秒
造型換成 dragon1-a
「有沒有碰到火焰」嘛。
2*2 = 2×2
＊符號是「相乘」的意思喔。
這次的條件是，電腦計算2×2的結果……
正確答案！
等於4！
詢問的答案 = 2 * 2
6?
算錯了……
和答案欄中輸入的答案符不符合。
詢問的答案 = 2 * 2
那麼，里克，2×2等於？
少瞧不起我了！
等於4啊！

正確答案
很好，正確～！
當然！
下一個問題？……咦？
2×2等於？
積木點下去，還是出相同的問題。
當然啊。
電腦只會依照程式設計執行動作。
詢問 字串組合 2 和 字串組合 X 和 字串組合 2 和 等於？ 並
如果 詢問的答案 = 2 * 2 那麼
說出 正確答案！
否則
說出 算錯了～
2×2等於？
這樣的狀態下，角色就只會問2×2。
咦～!! 那個，這要怎麼辦？
怎麼辦才好呢？
拓海知道後面該怎麼做嗎？

知道。
後面要用「變數」和「亂數」吧？
回答得很好。
碰巧知道而已。
咦？那是什麼東西！
變數？亂數……!?
變數是指「能夠變為任意數的數。」
實際操作看看吧。
好喔！
點開「資料」類別。
程式
造型
音效
動作
外觀
音效
畫筆
資料
事件
控制
偵測
運算
建立一個變數
建立一個清單
嗯！
資料
更多積木
建立一個變數
建立一個清單
嗯？什麼都沒有？積木在哪裡？
這個類別的積木，需要自己做。

點一下「建立一個變數」。
建立一個變數
新的變數
變數名稱:
適用於所有角色
僅適用當前角色
確定
取消
更多積木
一個變數
喔！做出5個積木了！
變數 x 設為 0
變數 x 改變 1
變數 x 顯示
變數 x 隱藏
變數的名稱先設為x吧。
新的變數
變數名稱: x
適用於所有角色
確定
取消
了解！
這5個為一組。用相同的做法，做出y的積木，
鑲嵌到穿插數字的地方。
如果 詢問的答案 = * 那麼
說出 正確答案！
算錯了～
x
y
這樣x和y可以變成任意數，
所以能夠提出不同數字的乘法問題？
前面說了變數和亂數，這樣只有變數。

那麼，接著是亂數囉！
嗯！若樹同學學得很快！
沒有啦～
你們兩個人
自己熱絡起來……
亂數是指「隨機決定的數」。
雖然變數可為任意數…
我想想…
變數
要變成多少呢？
但無法自己決定數值，所以這邊需要用到亂數。
我來幫你決定。
亂數
謝謝你，幫了大忙。
變數
亂數就像擲骰子出現的點數，
每次都在固定的範圍內改變數字。
建立一個變數
x
y
變數 y 設為 0
變數 y 改變 1
變數 y 顯示
變數 y 隱藏
建立一個清單
動作
外觀
音效
畫筆
資料
事件
控制
偵測
運算
建立一個變數
看一下這邊。
首先，把「變數x設為0」拖放到腳本區！

接著，再從「運算」類別中，
事件
控制
偵測
運算
更多積木
喀嚓
點住「隨機取數○到○」，
拖曳——
隨機取數 1 到 10
組合這兩塊積木。
變數 y 設為 隨機取數 1 到 10
x
y
改變○中的數字，比方說……
喀嚓
喀嚓
若想要到2位數乘法，就把亂數的數字設為1到99。
變數 x 設為 隨機取數 1
變數 y 設為 隨機取數 1 到 99
y的部分也做相同的處理。
喀嚓
再將這兩個鑲嵌到前面的積木……
喀嚓

完
成
音效
畫筆
偵測
變數 x 設為 隨機取數 1 到 99
變數 y 設為 隨機取數 1 到 99
詢問 字串組合 x 和 字串組合 x 和
如果 詢問的答案 = x * y 那
說出 正確答案！
否則
說出 算錯了...
重複無限次
真的耶！每次都出現不同的問題！
42×23等於？
好厲害！
唔……
不錯嘛，拓海！
使用「控制」類別中的……
「重複無限次」就行了。
音效
畫筆
偵測
10 次
重複無限次
但是，每次都要點一下才會出題，不是很麻煩嗎？
是啊，這樣的話……

這樣就能自動重複相同的指令。
重複無限次
給我繼續工作~!
移動10點
不要啊~!
喔~!這樣角色就會不斷問問題!
讓角色也根據回答來改變造型吧。
再設定成用旗幟圖示來開始，
當 被點擊
重複無限次
造型換成 tera-a
變數 x 設為 隨機取數 1 到 99
變數 y 設為 隨機取數 1 到 99
詢問 字串組合 x 和 字串組合
如果 詢問的答案 = x * y
說出 正確答案！
造型換成 tera-b
否則
說出 算錯了…
造型換成 tera-d
等待 2 秒
算數軟體就完成了!
老師想要教的東西，就是這些吧?
轉頭
嗯……
非常正確喔。
多虧你的解說，都沒有我出場的份了，哈哈……
失——落……
啊啊啊!! 對不起~!

沒關係啦。你這麼優秀，真的幫了大忙。
那麼，你要不要試試國語的出題軟體？
唉……？
嗯？拓海，你怎麼了？
臉色不太好看喔！
——……
其、其實……我不擅長國語。
下次的考試會出漢字的讀音標示問題……
什麼嘛！你也有不擅長的東西啊！
打——擊
哈哈哈哈哈
什……！

鐵拳！
嗚嘎!!
妳做什麼啦！
你就沒有同理心嗎？
拓海其他方面都很強，
有不擅長的地方才帥氣！
怎麼會～！
每個人都有不擅長的東西嘛。
老師怎麼也感覺很高興的樣子？
咦……？
因為不會被搶走戲份，所以很高興吧～
嗚！
真沒風度！
刺穿！

比起那個，趕快來做國語測驗吧！
這個時候就要用到「清單」。
啊！轉移話題了。
你真的很吵喔！
對不起。
「清單」要怎麼使用？
利用剛才變數的應用。
好！93組給我過來！
指定
有!!
亂數
就像每次選擇不同的數字，
讓電腦每次選出不同組的問題與答案？
問題
答案
93
72

對喔。只要像剛剛的算數問題，
不斷重複指令，就能做出讀音問題的練習軟體！
是的。「清單」的積木能夠做到這樣的事情。
喀噠
雖然需要稍微準備一下。
喀噠
喀噠
好了，完成了！
當 被點擊
重複無限次
造型換成 tera-a
變數 漢字 設為 隨機取數 1 到 清單 問題 的項目數
詢問 字串組合 「 和 字串組合 清單第 漢字 項項目 問題 和
如果 詢問的答案 = 清單第 漢字 項項目 答案 那麼
說出 正確答案！
造型換成 tera-b
否則
造型換成 tera-d
說出 字串組合 正確讀音為「 和 字串組合 清單第 漢字 項項目
等待 2 秒
x: -121
y: -64
這次一開始就講明做法吧。

資料
更多積木
變數 漢字 隱藏
建立一個清單
問題
答案
新增項目 thing (答案)
刪除第 1 項 (答案)
添加 thing 為第 1 項(答案
替換第 1 項(答案
「清單」的亂數不是選擇數字，
而是選擇文字。
的確跟剛才的形狀很像。
剛才的
現在的 ➡
但是，「詢問～並等待」中間的內容好像不一樣。
做出問題的清單和答案的清單啊。
什麼啊，講得好像你已經懂了！
按順序來看，里克也能馬上看懂。
我已經知道「造型換成」、「重複無限次」。
但是，下面好像還有組合不同的積木。

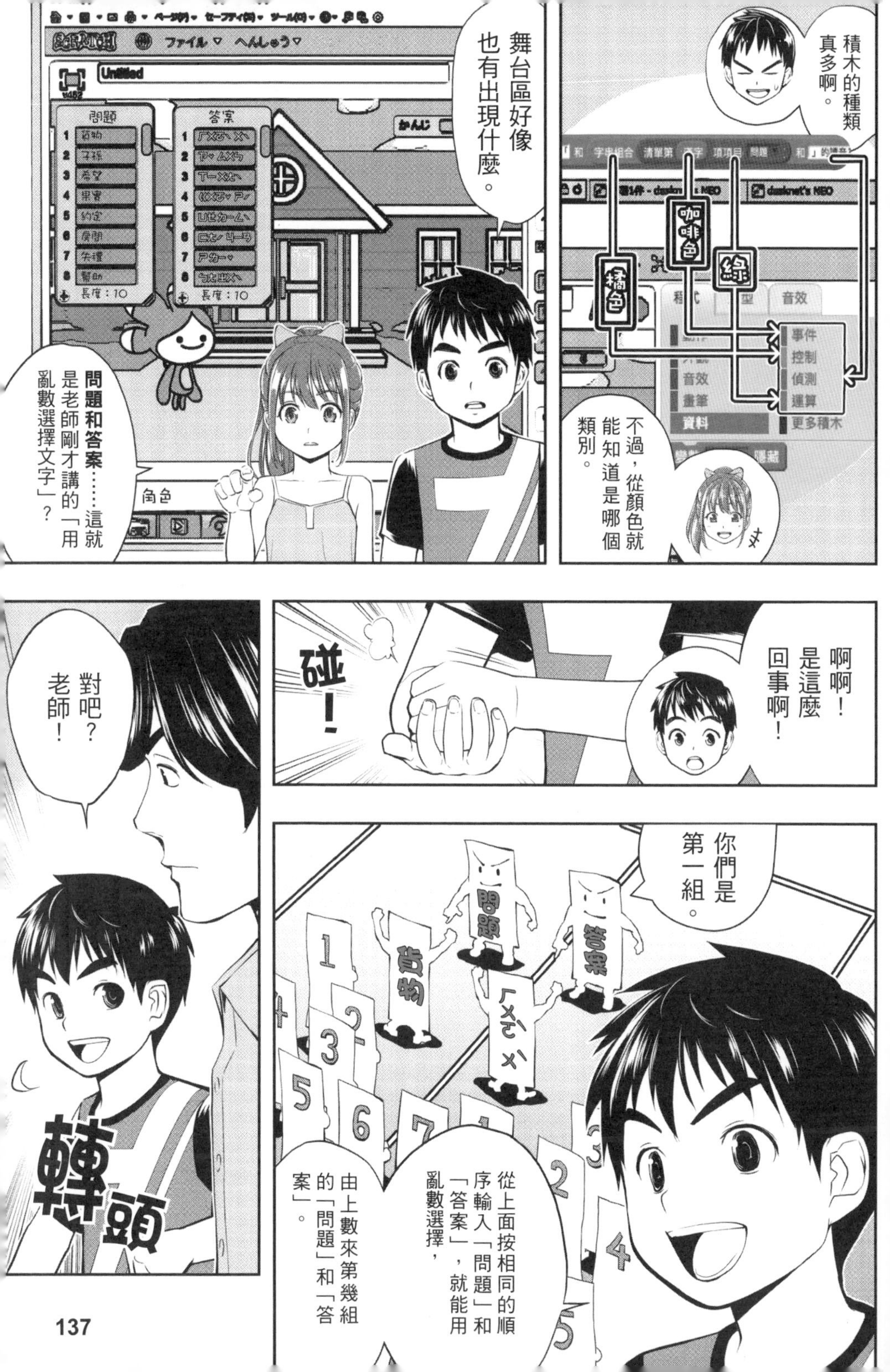
積木的種類真多啊。
橘色
咖啡色
綠
事件
控制
偵測
運算
更多積木
音效
畫筆
資料
不過，從顏色就能知道是哪個類別。
舞台區好像也有出現什麼。
問題
答案
問題和答案……這就是老師剛才講的「用亂數選擇文字」？
碰！
啊啊！是這麼回事啊！
對吧？老師！
轉頭
你們是第一組。
問題
答案
從上面按相同的順序輸入「問題」和「答案」，就能用亂數選擇，
由上數來第幾組的「問題」和「答案」。

嗯！很正確！
里克和唯依懂得愈來愈多了！
嘿嘿～
……
的確，就像你們剛才所講的。
問題15
答案15
在「問題」和「答案」中，分別輸入漢字和讀音，
決定出題「漢字」中由上數來第幾組的「問題」和「答案」。
就是這個!!
漢字
ページ(P)▼ セーフティ(S)▼ ツー
答案
1 ㄏㄨㄛˋ ㄨˋ
2 ㄗˇ ㄙㄨㄣ
3 ㄒㄧ ㄨㄤˋ
4 ㄍㄨㄛˇ ㄕˊ
5 ㄩㄝ ㄌㄧㄥˋ
6 ㄈㄤˊ ㄐㄧㄢ
7 ㄕ ㄌㄧˇ
8 ㄅㄤ ㄓㄨˋ
長度：10
可是，這樣不就直接看到答案了嗎？
舞台上的「問題」和「答案」，
可以這樣隱藏喔。
喀嚓

在想要隱藏的清單上點選滑鼠右鍵，
答案
1 ㄏㄨㄛˋ ㄨˋ
2 ㄗˇ ㄙㄨㄣ
3 ㄒㄧ ㄨㄤˋ
4 ㄍㄨㄛˇ ㄕˊ
5 ㄩㄝ ㄉㄧㄥˋ
6 ㄈㄤˊ ㄐㄧㄢ
7 ㄕ ㄌㄧˇ
8 ㄅㄤ ㄓㄨˋ
長度：10
匯入
匯出
隱藏
從出現的選項中，選取「隱藏」。
喀嚓
匯出
隱藏
消失
ファイル へんしゅう ヒント せつめい
1 貨物
2 子孫
3 希望
4 果實
5 約定
6 房間
7 失禮
8 幫助
長度：10
あたらしいスプライト:
喔！真的消失不見了！
這樣的話，除了漢字之外，還能做出各種問題吧！
我也要做做看！
！
咦…？
啊、我也要！
有什麼關係！我要做～!!
哈哈……這該怎麼辦～
不行，製作這樣的軟體是很辛苦的喔。
無視！
對吧？拓海？
咦？不理我!?

製作出題軟體！

前面介紹了對製作動畫、遊戲有幫助的積木指令了，但如同漫畫中的內容，Scratch還可製作出題軟體。下面就來介紹相關的積木指令吧。

出題軟體是什麼？

出題軟體的製作方法

漫畫中的出題軟體有數學問題和漢字問題，兩種都是先由自己製作問題，再讓角色從裡面來出題。

其實，這兩個程式的「架構」相同。它們的架構是，使用第4章學到的「詢問～並等待」對使用者提出問題，接著判斷使用者輸入的答案正不正確，再利用第3章學到的「如果～那麼，否則」，讓角色做出不同的反應。兩個問題軟體只差在嵌入架構中的零件積木不同而已。

製作算數軟體

零件積木有哪些呢？這邊來介紹「運算」、「資料」兩個類別。

在這兩個類別，有許多便於處理數字的零件積木。首先，先來看在製作算數軟體時，不可缺少的「運算」積木吧。

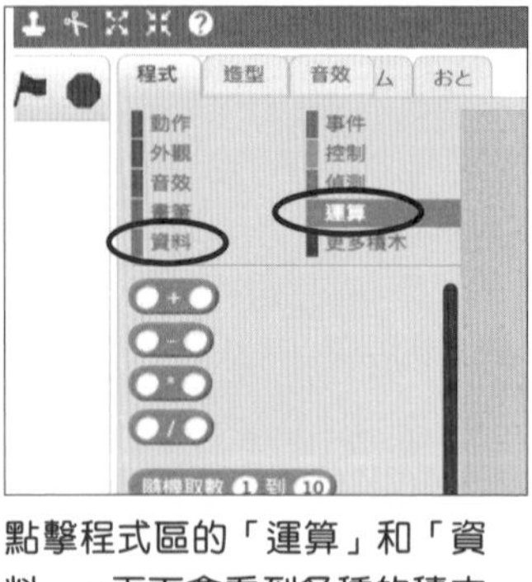

點擊程式區的「運算」和「資料」，下面會看到各種的積木指令。

便於處理數字的兩大類別

操作數字「運算」類別

「運算」類別的積木，是和其他具有孔洞的積木一起使用的零件積木。類別名稱「運算」意指數學世界的「計算數字」，如同其名，裡頭多是處理數字的積木。

這類積木是用來嵌入其他積木上的孔洞，像是「如果～那麼，否則」的條件分歧等。

除了數學軟體之外，在製作遊戲上也相當便利，漫畫中出現的「隨機取數○到○」經常在各個地方使用，請讀者務必熟記。

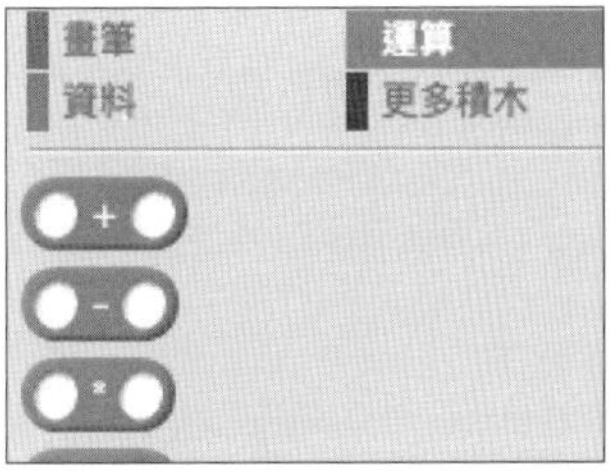

沒有用來連結其他積木的凹凸，是零件積木的特徵。

「亂數」是什麼樣的數？

亂數是每次都出現不同數值的特別的數，在漫畫中比喻為擲骰子出現的點數。

骰子一定會出現1到6的點數，但在擲出之前，並不曉得會出現哪個數。同理，每次嘗試都會改變，不知道下一個數字為何的數，就稱為「亂數」。

利用這個亂數，除了可像前面的漫畫一樣，不斷改變數學問題中的數字之外，還可改變角色在對戰之類的遊戲中，每次施放絕招的傷害值。

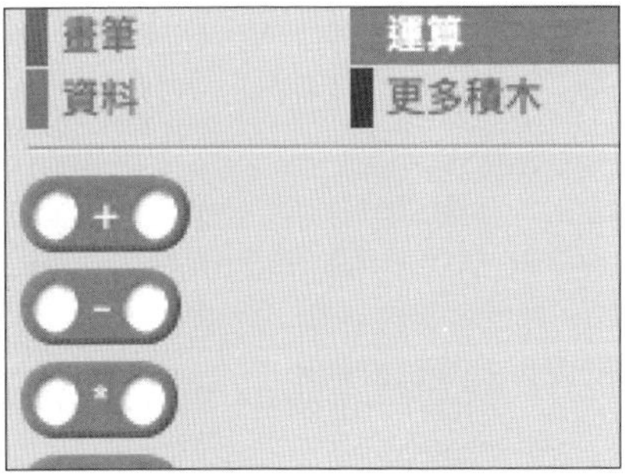

「隨機取數○到○」是，「運算」類別中最常用到的積木指令。

「運算」類別的代表積木①

・○+○

相加左右○中的東西。
○中可鍵入數字或者嵌入零件積木。

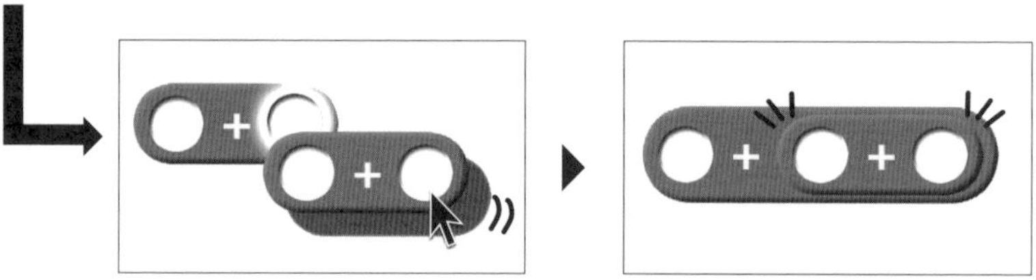

先拖曳相同的積木，重疊至某一邊的孔洞。

接著，積木就會嵌入，作為一個積木指令來使用。

・隨機取數○至○

在左右○中鍵入的數字間變換，
輸出一個亂數的零件積木。

・□=□

使左右框框中的文字內容、零件積木相等，也就是視為相同東西的積木指令。

・字串組合～和～

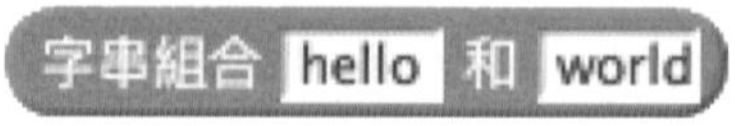

在左右框框鍵入台詞或者嵌入積木，構成完整的文句。

「運算」類別的代表積木②

・～且～

且

這個積木指令可組合「偵測」類別的「碰到～」、「～鍵被按下」等，作為其他積木的執行條件。

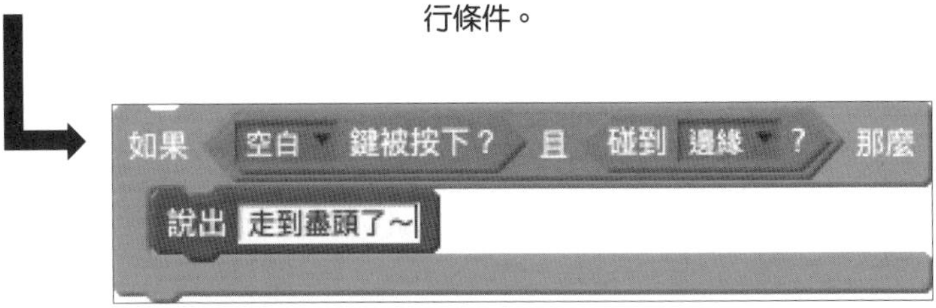
如果 空白 鍵被按下？ 且 碰到 邊緣 ？ 那麼
說出 走到盡頭了～

組合「空白鍵被按下」與「碰到邊緣」的場合，只有在同時滿足兩項條件的情況下，才會執行下面的指令。

注意！零件積木的重疊方式

「○+○」、「字串組合○和○」等運算積木，○中可不斷嵌入相同的積木喔。

不過，重疊複數積木後，拖曳或者刪除時需要多加注意。因為重疊的積木是一併處理，有時會碰到明明只想刪去其中一個，卻不小心刪除到整個重疊的積木。請先像74頁的做法分離，再刪去不要的積木。

另外，建議先決定好自己的操作規則，例如「重疊積木時，一定嵌入右側的空洞」等等。

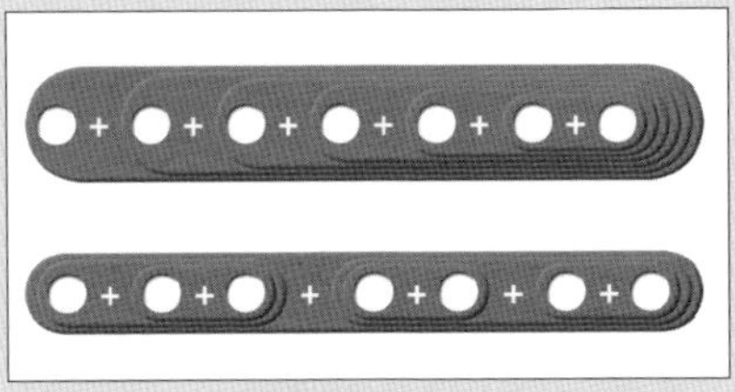

雖然積木的重疊個數相同，但上面的重疊方式比較容易檢視、操作。

一併整理數字、文字！「資料」類別

這個類別的程式區一開始沒有積木指令，只有「建立一個變數」和「建立一個清單」兩個按鈕。用戶需要靠這兩個按鈕，自己製作相關的積木指令。

可製作的積木有變數積木和清單積木，取好名稱後才會出現相關的積木指令。

變數和清單都有些不好理解，這邊一項項來說明吧。

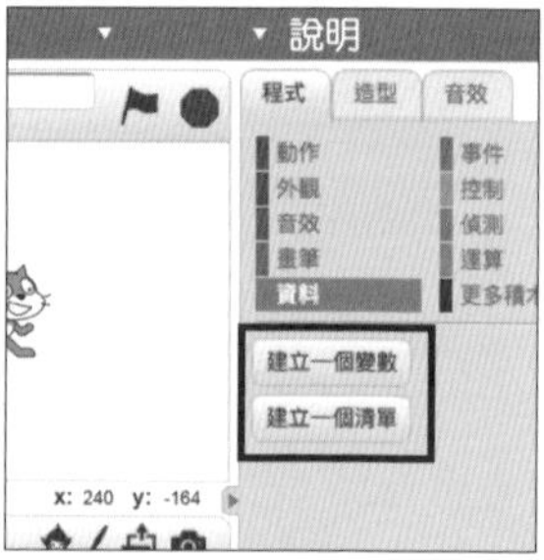

點選「資料」類別，一開使只有兩個按鈕。

可為任意數的變數

變數如同「改變的數」字面上的意思，是不斷改變的數。雖然跟亂數相似，但與事先決定數字範圍，如「在1到6之間」的亂數不同，變數是可自行決定的數或者「運算」積木的計算結果，涵蓋了沒有決定範圍的數。然後，用戶可透過「建立一個變數」的按鈕，將「尚未決定但可為任意數」的變數，轉為零件積木的形式。作成的變數會同時顯示在程式區和舞台區。

雙擊舞台區上的變數，能夠放大檢視數字；去掉程式區積木左側的勾選，能讓舞台區上的變數看不見。

作成的變數會顯示在舞台區的左上角。

利用「清單」增加出題的範圍！

變數、亂數每次會選出的數字，而清單是從輸入儲存的文字資料中，每次選出不同的文字。

點選「建立一個清單」會出現「輸入資料的灰色方塊」，再點選方塊左下角的「＋」，就能增加輸入的文字資料。

這些增加的文字資料，可藉由左邊顯示的數字來提取。在漫畫中，是使用亂數從中選擇一組資料出來。

「資料」類別的代表積木

・變數～設為○

決定作成變數為○的積木指令。
○中也可嵌入零件積木。

・清單第○項項目（～）

從括號的清單中，指定第○筆資料的積木指令。
清單名稱可自行改變。

・清單～的項目數

用來顯示清單的項目數。
如果清單輸入**10**筆資料，則為**10**；輸入**50**筆資料，則為**50**。

「資料」積木的用法是重要關鍵！

在漫畫中，主角們製作了數學問題和漢字問題的出題程式。仔細看一下兩程式的積木組合會發現，「如果～那麼，否則」、「造型換成～」的積木用法等，基本構造幾乎一模一樣。

最大的不同點是，「詢問～並等待」中鑲嵌的零件積木種類。算數問題的零件積木是變數，而漢字問題的是清單。在對照程式積木時，留意一下「資料」積木的用法。

數學問題的程式積木

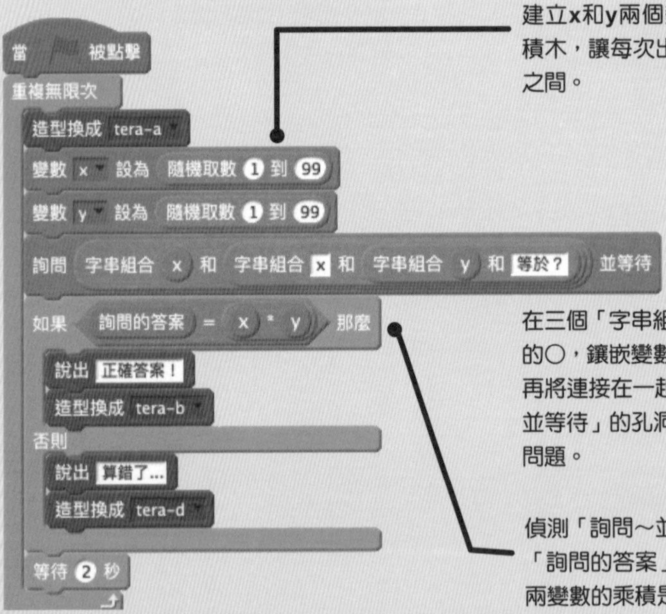

當 被點擊
重複無限次
造型換成 tera-a
變數 x 設為 隨機取數 1 到 99
變數 y 設為 隨機取數 1 到 99
詢問 字串組合 x 和 字串組合 x 和 字串組合 y 和 等於？ 並等待
如果 詢問的答案 = x * y 那麼
說出 正確答案！
造型換成 tera-b
否則
說出 算錯了…
造型換成 tera-d
等待 2 秒

建立x和y兩個變數，鑲嵌亂數的零件積木，讓每次出題的數字都落在1到99之間。

在三個「字串組合○和○」連續積木中的○，鑲嵌變數積木並輸入問題內容，再將連接在一起的積木，嵌入「詢問～並等待」的孔洞中，讓角色詢問使用者問題。

偵測「詢問～並等待」答案欄所輸入的「詢問的答案」，與「○＊○」積木中兩變數的乘積是否相同。

漫畫中角色之間的關係

漢字問題的程式積木

新建「問題」與「答案」兩個清單，分別輸入漢字與對應的讀音。接著，新建一個變數，命名為「漢字」。

利用亂數積木，從「問題」清單中的第一筆到最後一筆決定「漢字」變數。

再從「問題」清單中選出「漢字」變數所對應的資料，作為「詢問～並等待」的問題。

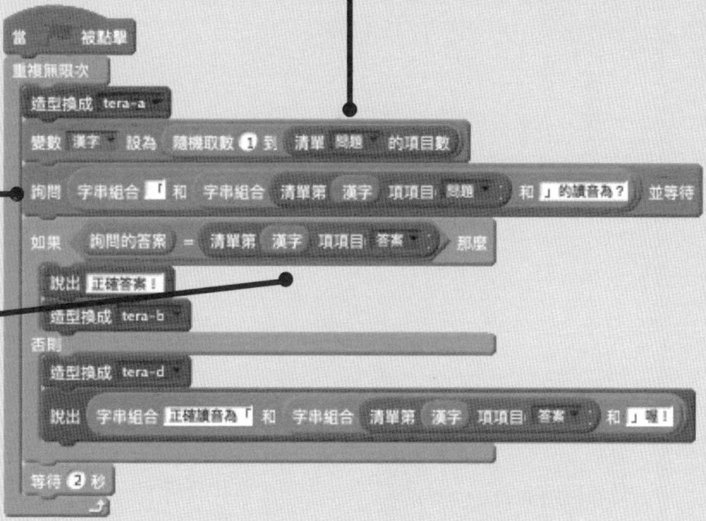

偵測「詢問～並等待」答案欄所輸入的「詢問的答案」，與「問題」清單中「漢字」變數所對應的資料是否相同。

還有很多喔！方便的積木指令②

・讓角色跟著畫圖「畫筆」類別

「畫筆」類別的積木，可讓角色在舞台區上畫出線條或者蓋出印章。

讓角色一邊移動一邊畫線，能夠沿著角色的移動軌跡來畫圖。

其他還有改變筆跡顏色、寬度的積木指令，端看你的巧思構想，可讓角色畫出各式各樣的圖畫。

「畫筆」類別的代表積木

・下筆

下筆

讓角色從現在位置開始畫線的的積木指令。後面再用「停筆」的積木指示，讓角色停止畫線。

使用「下筆」積木後，再讓角色移動──

就能沿著角色的移動來畫線。

・筆跡顏色設為～

筆跡顏色設為

改變筆跡顏色的積木指令。
更換顏色的方法，跟**105**頁學到的「碰到顏色～」的積木相同。

・筆跡寬度改變○

筆跡寬度改變 1

可讓畫出來的線條逐漸加粗或者逐漸變細。想讓畫線變細時，在○中輸入負數。

Chapter 6

挑戰製作遊戲！

鏘—咚—
停筆，考卷從後面傳上來～
叮—咚—
噗哈～！
考完了～！
喀噠！
里克這次很努力嘛～！
因為有Scratch的出題軟體，所以有充分練習問題！
但是，真是神奇耶。
神奇？

以前，我光看到題目就感到頭昏，
這次完全沒有這個問題……
應該是Scratch的影響吧。
靠近
在設計程式時，按照順序思考非常重要。
可能是一直思考積木順序的關係，才讓頭腦養成整理的習慣吧？
對喔！
看來里克這種頭腦單純的人，也能變得比較靈活一點了。
對啊，頭腦單純的我也……
……

嗯？喂！
哈哈……說笑的啦。
真是的，到底是關係好還是差啊……
今天也要去谷口老師那裡吧？
當然！
啊，抱歉。
我還有做到一半的程式，
我想在週末前把它完成，今天就不去了。
這樣啊。真可惜！
……
？
里克，你怎麼了？

對喔……拓海早就摸熟Scratch，開始製作自己的作品了……
？
我怎麼能夠輸給他!!
好！我決定了！
我先回去了！
噠！
咦……!? 里克!? 等我啦！
咚咚咚咚咚
那傢伙總是慌慌張張的。

老師！
……咦？
我果然還是想要做遊戲！
對不起打擾老師用餐。里克，你冷靜一點啦！
嗱……
…原來如此。
你受到拓海的刺激啊～
那麼，你想製作什麼樣的遊戲？

魔女發射雷擊打幽靈的射擊遊戲怎麼樣!?
霹
哩
哩
哩
喔喔，不錯耶！今天就來做那個吧！
喔！太好了！
然後！我學過讓角色移動的方法了，
現在要不斷射出子彈的話，需要一堆子彈的角色吧？
我還想要出現很多敵人！
眼眶
泛淚
沒有複製角色的做法嗎？
？

幹嘛一臉奇怪的表情？
奇怪的表情……
我只是對里克的成長感動而已。
思考自己的作品，需要那些要素，
在程式設計上是非常重要的。
嗯，那麼，今天……
就來教你使用「分身」吧！
!?
分身是什麼？
哼哼……做下去，你就知道了。

新建魔女和幽靈的角色了。
我想讓魔女放出魔法擊倒不斷冒出的幽靈。
嗯嗯。
好了!
首先,我得讓幽靈的方向左右反過來。
因為現在是背對魔女。
新的角色:
角色
Witch
Ghost2
想要調整大小時,你可以點選角色區的幽靈,
效果 顏色
效果清除
尺寸改變 10
70 %
可用「外觀」的「尺寸改變10」來改變。
效果清除
尺寸改變 -10
100 %
想要縮小尺寸時,輸入負數就行了。

展開角色的屬性，
新的角色：
Ghost2
x: 182 y: -6
方向： 90
迴轉方式：
播放時可拖曳：
顯示：
想要改變方向時，點擊角色區的「i」按鈕，
喀嚓
Ghos
拖曳這個刻度盤，轉到相反方向。
轉完後會上下顛倒，
在迴轉方式點選左右就完成了。
這樣還挺簡單的。
接著，要讓幽靈由右邊移到左邊。
因為想讓幽靈移動到舞台區左端…

所以積木組合會像是這樣？
重複無限次
x 改變 2
組合「重複無限次」和「x改變2」！
然後，因為是向左移動，
喀嚓
無限次
改變 -2
喀嚓
所以要輸入負數……
但出現的幽靈只有一隻？
嗯……這該怎麼做呢？
我想要讓幽靈不斷冒出好幾隻，
但重複相同操作來增加幽靈的數量，又太過麻煩……
！
你瞧……!!老師的表情！
嗯？

一臉在等你問問題！
焦急
難耐
哇！
老師的個性真麻煩。
老師，我有問題……
！
開心！
嗯嗯！這個時候就要用到「分身建立」。
使用這個，就能對角色下達製作分身的指令。
就是前面講的分身嘛！
順便也決定一下遊戲開始的信號吧。

在背景的腳本區，像這樣組合積木…
當 被點擊
廣播訊息 開始
就能在點擊旗幟後，一起發送「開始」的訊息。
接著，在幽靈的腳本區這樣組合積木…
重複無限次
x 改變 -2
x: 91
y: 37
當收到訊息 開始
分身 自己 建立
點擊旗幟後，就能產生分身了！
喀
嚓
資料
等待 1 秒
重複 10
重複無限次
沒變……
……咦？什麼都沒有改變？
沒有，角色確實有產生分身喔。
只是隱藏在原幽靈的背後而看不到，
你拖曳幽靈試試看。

真的耶！
只是疊在一起而已！
你點一下旗幟右邊的紅色八角形，
這按鈕可以讓動作回到最初狀態，像重置鈕一樣。
喀嚓
消失
只有分身的幽靈消失了！
程式回復到複製幽靈前的狀態。
你在製作程式時，可以像這樣確認積木指令有沒有如同預期動作。
嗯！

接著，我們來讓分身幽靈移動。
停止 全部
當分身產生
分身 自己
在「控制」類別中，有「當分身產生」的積木指令。
x: 88
y: 31
當分身產生
重複無限次
x 改變 -2
當收到訊息 開始
分身 自己 建立
把它和讓幽靈移動的積木連接⋯
這樣程式積木只會對分身下達有效的指令。
喀
嚓
這樣下去，會跟里克所想的愈差愈遠。
所以，這邊要——
真的，只有分身幽靈動起來。
但這不像是憑空冒出，比較像是由原幽靈分離出來。
肯定有什麼解決的方法吧？

先不要說出答案！
我要自己思考……！
哼嗯！
程式
外觀
動作
音效
筆刷
資料
如果讓幽靈憑空出現的話，
產生分身時，不應該看到原幽靈才對。
首先，要讓原幽靈看不見……

啊……有了！
動作
外觀
音效
畫筆
資料
把這塊積木……
當收到訊息 開始
隱藏
分身 自己 建立
這樣組合的話……
「外觀」類別的「隱藏」！
顯示
隱藏
造型換成
喀
嚓
消
失
啊……兩個幽靈都消失不見了！
唔！這也不行嗎？
想著 Hmm... 2 秒
想著 Hmm...
顯示
隱藏
造型換成 dragon1-b
因為是用「隱藏」變得看不見，
所以使用「顯示」的話，應該就能看見了。
但是，我只想讓分身幽靈看得見……
也就是…

這樣……怎麼樣！
x: 88
y: 31
當分身產生
顯示
重複無限次
x 改變 -2
當收到訊息 開始
隱藏
分身 自己 建立
在幽靈的「當分身產生」和「重複無限次」之間，插入「顯示」的積木……!!
現在只有看到分身幽靈了！
不對，還沒好。
接著得用前面學到的「亂數」，讓幽靈隨機出現在各個地方，
畫面的上下……
程式
造
動作
外觀
音效
x 改變 10
x 設為 0
改變 10
為 0
是用y座標表示……

有了！
當分身產生
顯示
y 設為 隨機取數 100 到 -100
重複無限次
x 改變 -2
當收到訊息 開始
隱藏
分身 自己 建立
隨機出現……
等等喔。
這樣沒辦法不斷冒出好幾隻。
對了！
當收到訊息 開始
隱藏
重複無限次
分身 自己 建立
等待 隨機取數 2 到 5 秒
使用「重複無限次」和「等待〇秒」就好了！
我第一次看到里克露出這麼認真的表情。
因為他非常集中精神吧。
呵呵……
感覺有點帥氣。
好了。這次應該行得通才對……
怎麼樣!?

出現
出現
音效
筆刷
資料
做到了！
幽靈真的不斷從不同的地方冒出來！
很棒喔，里克。
你自己做出幽靈的動作了！
嗯嗯！我有點刮目相看了！
真的嗎？嘿嘿……

好—喔！接著得讓魔女放出魔法才行！
里克，等一下！
今天已經不早了。
明天再繼續做吧。
我做得正起勁呢～
好好休息也是很重要喔！
我送你們回家吧。
好—吧！

隔天——
啊~就不能早點放學嗎~~!
你一大早在說什麼啊。
里克從以前就喜歡打電動，
但現在卻沉迷於製作嘛。
對啊~!
吶、吶!
我也想要試著做做看。

是我先開始的！
小氣～！
啊，真是的！
要是自己有電腦的話，就能隨時做程式設計了！
其實，我昨天就想要把它做完。
今天要讓魔女放出魔法嗎？
對啊！
哼……
嗯？怎樣啦？
沒什麼～
……？

放學後——
叮—
咚—
鏘—
咚—
吵吵
囔囔
……咦?
唯依去哪裡了?
什麼嘛……
我還以為她會跟我一起去老師那邊。
拓海……
今天也在家做自己的程式設計吧?
呿!今天就一個人去吧!

H 2 O
……嗯？
為什麼你們先來了。
里克！
你晚了一步！我們已經開始了。
拓海，你不用做自己的程式嗎？
偶爾也要轉換一下心情嘛。
真的嗎？
不是因為唯依的關係？
臉紅
心跳
喀噠！
才不是那樣……！
不要這樣！

少在那幼稚了，趕快開始吧！
唉……
什麼嘛。真沒意思。
比起那個，你看一下！
坐下……
妳轉變得真快……
嗯？
https://scratch.mit.edu/projects/140366059/#editor
Untitled
Join Scratch
這是妳做出來的？
嗯！只有里克在玩好不公平，
所以我向拓海請教怎麼製作。
出現

你按一下空白鍵。
喔、喔！
喀嚓
……！
魔女放出雷擊了!!
嚇到了吧？
按下空白鍵後，魔女會發出攻擊的訊息，
當 空白 鍵被按下
廣播訊息 攻擊
攻擊
當收到訊息 攻擊
分身 自己 建立
當分身產生
顯示
重複無限次
x 改變 5
因為雷擊會重複發射，所以得像幽靈一樣產生分身！
嗚……厲害嘛！
嘿嘿！
嗯？這樣一來…

拖放……
偵測
運算
更多積木
果然！
x: 240 y: 0
喀嚓
移動魔女的位置後，雷擊還是從魔女原本的位置發射出來！
怎麼會─！我還以為做得很順利～！
這使用變數和座標就能解決了。
Join Scratch
程式
造型
音效
動作
外觀
音效
畫筆
資料
事件
控制
偵測
運算
更多積木
當收到訊息 攻擊
分身 自己 建立
建立一個變數
魔女的x
變數 魔女的x 設為 0
變數 魔女的x 改變 1
變數 魔女的x 顯示
魔女的x 隱藏
新的變數
變數名稱: 魔女的y
適用於所有角色
僅適用
確定
取消
首先建立兩個變數。
變數的名稱設為「魔女的x」和「魔女的y」吧。

組合這些積木，再按下空白鍵後，就能確定魔女的座標在哪裡了。
張望
四處
當 空白 鍵被按下
變數 魔女的x 設為 x 座標
變數 魔女的y 設為 y 座標
廣播訊息 攻擊
這裡是哪裡~!?
x座標50、y座標13的地方喔！
就是這樣。
拓海真是溫柔呢。
真的！跟里克完全不一樣~
不是，我才沒有……
這點小事我也會做！
然後，程式就會告訴雷擊那個正確的座標。
按下空白鍵後，魔女所在的座標會和雷擊發射的座標相同！
Join Scratch サインイン
當收到訊息 開始
隱藏
當收到訊息 攻擊
分身 自己 建立
當分身產生
定位到 x: 魔女的x y: 魔女的y
顯示
重複無限次
x 改變 5
還是有問題出現！
！

魔女的 x + 100
如果那樣做，電擊會像是直接從魔女身上跑出來吧？
你得用「運算」積木「○＋○」，
讓雷擊出現的位置，從魔女的x座標稍微向右偏離才行。
唔！那麼，下一步是……
雷擊碰到幽靈的時候。
當分身產生
顯示
y 設為 隨機取數 100 到 -100
重複無限次
x 改變 -2
如果 碰到 Lightning ? 那麼
廣播訊息 擊中
分身刪除
事件控制偵測
分身 自己 建立
分身刪除
在「控制」中，能夠找到「分身刪除」的積木。
這邊使用組合飛龍時用到的「如果～那麼」和「碰到～」……

碰到雷擊的幽靈會消失不見！
就是這樣！
這樣的話，這邊——
原來如此！不錯的想法！

完成了！
！
嗯……
正在工作。
你們辛苦了！
喀……
喀……
啊！
老師！
吶，老師你來玩玩看！
喔！可以嗎？
嗯！
喀
嚓

Untitled
哼嗯。
啪!
幽靈不斷冒出……
啪!
Untitled
被雷擊打到後……
Untitled
喔!幽靈被雷擊打到後，
角色
幽靈和雷擊會一起消失!
讓魔女碰到幽靈會……
發生什麼事情呢?
當收到訊息 開始
隱藏
x: -62
y: 5
當收到訊息 攻擊
分身 自己 建立
當分身產生
定位到 x: 魔女的x + 100 y: 魔女的
顯示
重複無限次
x 改變 5
當收到訊息 擊中
分身刪除
對啊!
用幽靈發送訊息給雷擊，讓雷擊從畫面上被刪除!
喔!這是…

魔女閃爍起來，
啪！
啪！
感覺像是被重置！
嗯！
當魔女被幽靈碰到時，讓她發送「被打敗了」的訊息，
再利用「控制」的「停止這個程式」，讓幽靈停止不動。
當分身產生
顯示
y 設為 隨機取數 100 到 -100
重複無限次
x 改變 -2
如果 碰到 Lightning ? 那麼
廣播訊息 擊中
分身刪除
如果 碰到 Witch ? 那麼
廣播訊息 被打敗了
停止 這個程式
當收到訊息 開始
隱藏
利用重複「隱藏」和「顯示」讓魔女閃爍，
最後再接上「停止全部」進行重置。
當收到訊息 被打敗了
-146
-59
重複 2 次
隱藏
等待 0.5 秒
顯示
等待 0.5 秒
停止 全部
嗯，做得很棒！
吶，里克。
我也能玩玩看嗎？

……嘿嘿！
當然！
程式跟我想的一樣動起來，
大家都玩得很高興。
我竟然真的做到了！
興奮
真是……
棒呆了!!

獨自完成遊戲吧！

閱讀本書到這邊的你，應該已經掌握Scratch的基本了吧。
接下來，試著活用前面所學到的知識，
製作獨一無二的遊戲吧。

製作射擊遊戲

用來複製角色的「分身」

在獨自製作遊戲時，「控制」類別的「分身～建立」是非常有用的積木指令。如同一般的複製，「分身」的機能可產生多個與原角色相同的東西，就連對原角色下達的指令也會一併複製。

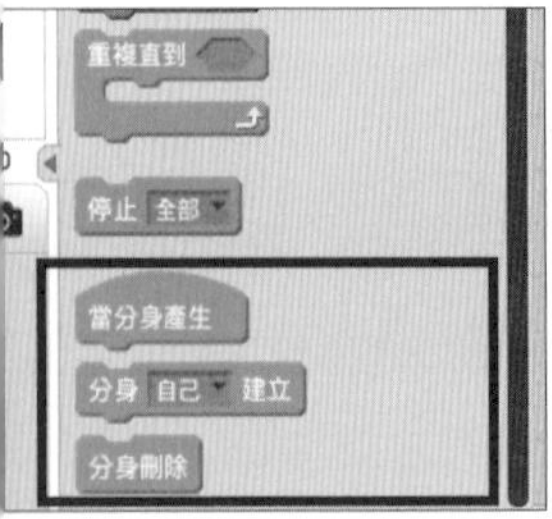

在「控制」類別的底部，有三塊與分身相關的積木指令。

分身的活用方式

在製作如漫畫中里克所想的射擊遊戲時，如果對大量的敵人、子彈一個個下達指令，工程會非常浩大。但是，如果利用「分身建立」，只需要先分別做出一個敵人和子彈的程式積木，就能自動不斷產生出具有相同動作的分身。

分身會出現在和原角色完全相同的位置，注意別看漏或忘記了。

下達「分身建立」的指令後，再點住原角色拖曳就能做出分身。

・製作敵人和子彈

了解分身後，試著把它組合到遊戲中的敵人角色吧。

製作重點是只讓複製出來的分身移動，和讓複製出來的分身出現在不同位置。

下圖是從漫畫中的程式積木，截取跟分身相關的部分按順序進行解說。請讀者細看積木的組合方式，確實理解各個積木的作用。

Step 1

首先，指示原角色在遊戲開始時產生自己的分身，並讓該分身在畫面上向左移動。

Step 2

移動的只有分身，使用「隱藏」讓原角色看不見，並對分身使用「顯示」的積木指令。

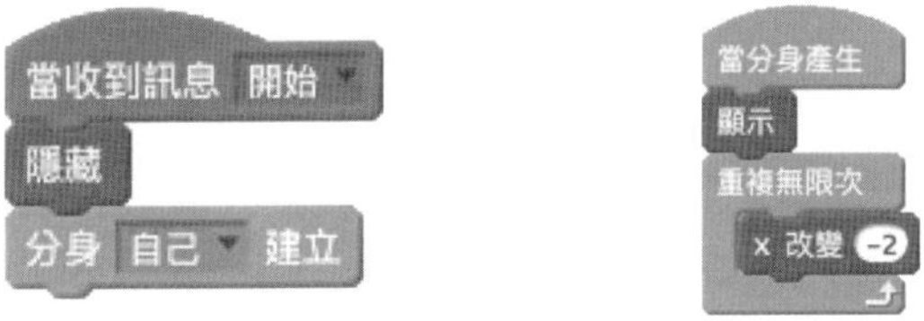

Step 3

使用座標的積木指令，決定分身複製出來後出現的位置。利用亂數決定座標的數值，能夠把分身複製到各個地方。最後使用「等待○秒」和亂數，決定間隔多久產生分身，這樣就完成了！

重要作業「除錯（Debug）」是什麼？

除錯：找出程式中的錯誤

除錯，是尋找程式中執行不了的原因，並進行修正的步驟。當積木指令愈多愈複雜，常會發生角色做出奇怪的動作，或者不預期從畫面上消失的情況。這稱為「有Bug」或者「出現Bug」。

Bug的英文意思是「小蟲子」，前綴「De」後意思變為「去除小蟲子」。據說會這樣命名，是因為過去曾有小蟲子鑽進電腦中，造成電腦無法順利運作。

了解除錯的做法

程式發生Bug後，要找出其原因是非常困難的事情。所以，在製作複雜的程式時，建議不時進行確認。先組合讓角色動起來的積木指令，確認動作是否正常，再組合發射子彈的積木指令，確認動作是否正常，若能像這樣反覆每做一些就進行確認的話，當真的發生Bug時，能夠馬上知道問題出在哪裡。

不過，即便再怎麼小心謹慎，還是有可能發生Bug。所以，為了預防萬一，來學習怎麼除錯吧。

除錯的訣竅，就是慢慢拆解複雜的程式積木，測試動作是否正常。

Step 1

使用「重複無限次」等反覆指令的積木時，當程式發生錯誤時會逐漸跑不動，難以找出錯誤。先暫時分離裡頭的積木，仔細確認組合的指令吧。

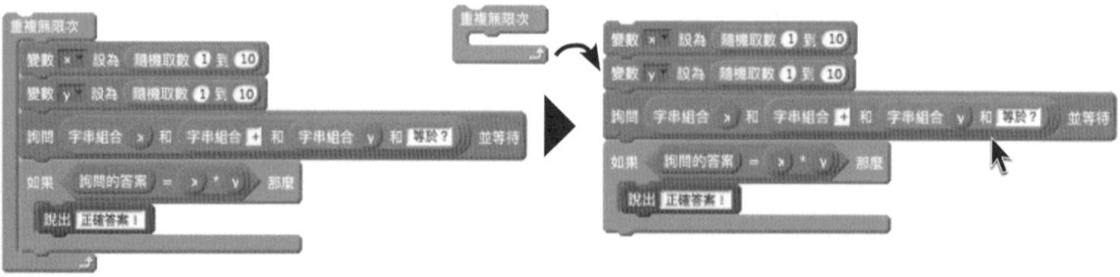

Step 2

組合許多積木指令後，可能只要其中一個出錯，就會造成整個程式跑不動。細瑣拆解組合的指令，確認每個積木的動作吧。

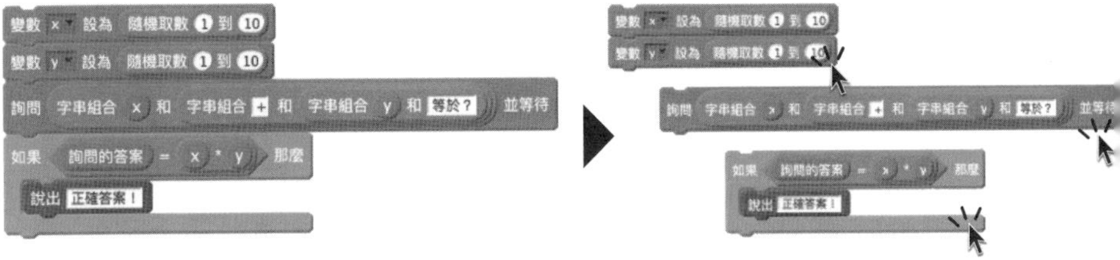

Step 3

碰到不曉得使用的變數為何時，直接點擊程式區的變數按鈕，可確認該變數現在的數值。

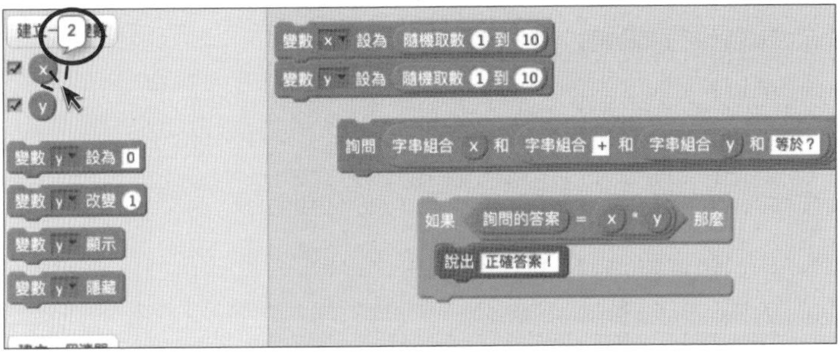

Step 4

使用讓角色移動的點數、座標位置，或者「運算」類別的積木等需要輸入數值的指令時，刻意輸入非常大的數值，讓最終結果跟著變大，方便確認錯誤。

儲存完成的程式

儲存自豪的作品

經過組合積木指令、對程式除錯，才終於完成一項作品。如果這樣辛苦完成的作品，關掉電腦隨即消失不見，豈不令人惋惜。

但是，大家儘管放心，Scratch有內建存檔機能，能夠儲存完成的程式。

不過，只有確實註冊為用戶，而且電腦有連接網路，才能夠儲存作品喔。

下面將會介紹怎麼存檔自己的作品。

儲存作品的方法

打開「創造」頁面，開始動手製作之前，先在舞台區上方的欄位，鍵入作品的標題。雖然欄位裡頭已經寫有「Untitled」，但這是「沒有標題」的意思，請先改成自己喜歡的標題。建議輸入一看就知道是什麼程式的標題。

其實，Scratch內建自動存擋的機能，製作程式的過程中，每隔一段時間就會儲存檔案。自動存檔完後，腳本區右上角會顯示變成灰色的「已儲存」。

尚未儲存時，相同的地方會顯示「儲存」。此時，點擊該文字就能進行存檔。

如果沒有自己更改標題的話，存檔名稱會維持「**Untitled**」。

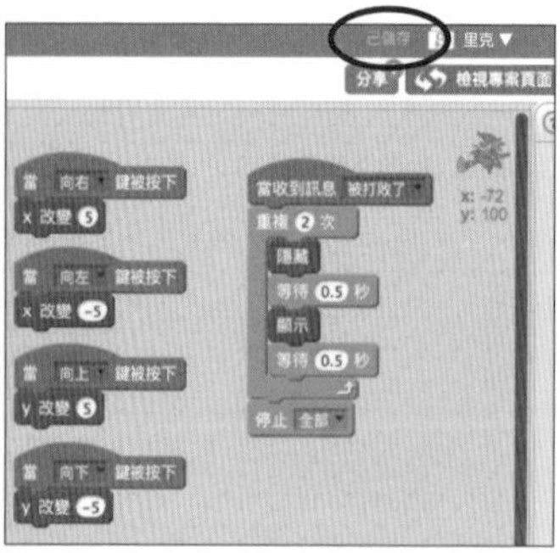

查看這裡，能知道作品有沒有存檔。

開啟儲存的作品

只要電腦連接上網路，隨時隨地都能開啟儲存的作品。在顯示「已儲存」的位置更右邊，有自己的用戶名稱和「▼」標記。點擊其中一個，會展開幾個選擇項目。點選其中的「我的東西」，就能打開新的頁面，看到先前存檔的作品。

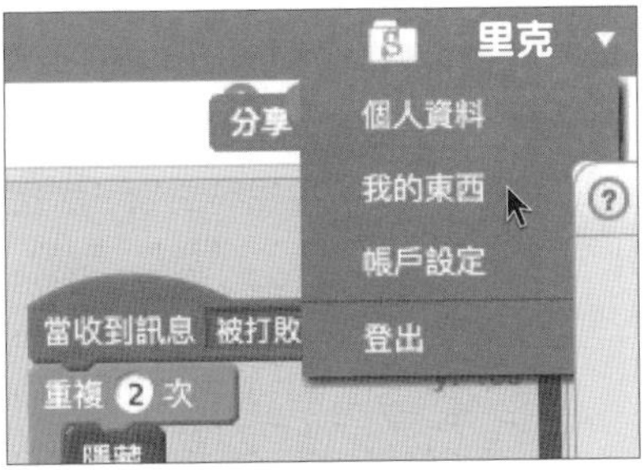

選項平時會隱藏起來，點擊用戶名稱或者▼標記後展開。

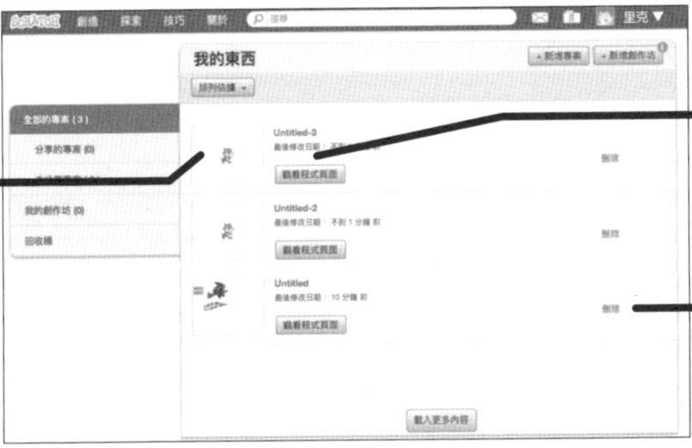

點擊舞台畫面或者標題，能放大顯示該作品的舞台畫面，並看到作品的資訊。

按下「觀看程式頁面」的按鈕，能展開該作品的程式頁面。

按下「刪除」的文字，能刪去儲存的作品。

重新開啟的作品也能夠修改

開啟舊檔後，也能像新建的檔案一樣，改變積木的組合或者增加新的角色。

每當想到新的點子或者學到新的功能，不妨開啟過去完成的程式來修改，也不失為一種樂趣喔。

放大舞台畫面、顯示作品資訊的頁面。當想要修改作品時，點擊「觀看程式頁面」的按鈕，就能打開顯示腳本區的頁面。

的關係

注意程式積木的聯動

漫畫中介紹的射擊遊戲，是對「魔女」、「幽靈」、「雷擊」三個角色下達指令。其實，除此之外，背景也使用了「當旗幟被點擊」，對全體下達開始執行的指令。這邊就來看這些指令的聯動吧。

背景的程式積木

按下旗幟時，分別對雷擊和幽靈發送遊戲開始的信號。

```
當 [旗幟] 被點擊
廣播訊息 開始
```

魔女的程式積木

按下空白鍵時，對雷擊發送「攻擊」的信號。

```
當 空白 鍵被按下
變數 魔女的x 設為 x 座標
變數 魔女的y 設為 y 座標
廣播訊息 攻擊
```

```
當收到訊息 被打敗了
重複 2 次
    隱藏
    等待 0.5 秒
    顯示
    等待 0.5 秒
停止 全部
```

接收到來自幽靈的「被打敗了」信號，魔女閃爍完後，停止整個程式並讓遊戲結束。

```
當 向上 鍵被按下
y 改變 5
```

```
當 向下 鍵被按下
y 改變 -5
```

```
當 向右 鍵被按下
x 改變 5
```

```
當 向左 鍵被按下
x 改變 -5
```

模仿108頁的飛龍指令，讓魔女能夠上下左右移動。

漫畫中角色之間

雷擊的程式積木

```
當收到訊息 開始
隱藏
```

接收到遊戲開始的信號後，從畫面上隱藏原角色。

```
當收到訊息 攻擊
分身 自己 建立

當分身產生
定位到 x: (魔女的x) + 100 y: 魔女的y
顯示
重複無限次
  x 改變 -2
```

```
當收到訊息 擊中
分身刪除
```

接收到來自魔女的「攻擊」信號後，產生雷擊的分身並讓分身移動。

幽靈的程式積木

收到遊戲開始的信號後，產生幽靈的分身，當分身碰到魔女時，發送「被打敗了」的信號。

```
當分身產生
顯示
y 設為 隨機取數 100 到 -100
重複無限次
  x 改變 -2
  如果 碰到 Lightning ? 那麼
    廣播訊息 擊中
    分身刪除
  如果 碰到 Witch ? 那麼
    廣播訊息 被打敗了
    停止 這個程式
```

```
當收到訊息 開始
隱藏
重複無限次
  分身 自己 建立
  等待 隨機取數 2 到 5 秒
```

還有很多喔！方便的積木指令③

・適合熟練者的「更多積木」類別

十大積木中的最後一個是「更多積木」類別。

如同「資料」類別需要自己製作積木，像是安裝在電腦上用以決定其他機械動作的積木，或者用以記憶自己常用動作的專屬積木等等，用法跟前面的積木有很大的差別。

雖然可能沒辦法馬上掌握，但在讀者熟悉Scratch後，務必嘗試看看。

「更多積木」類別的代表積木

・添加函式積木

組合自己喜歡的積木指令，作為一塊積木來使用。

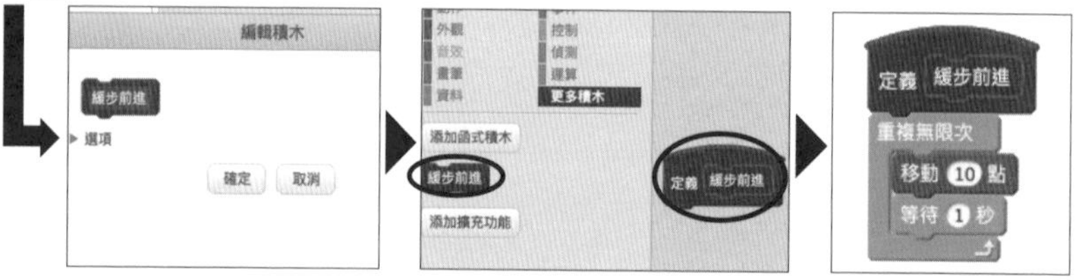

按下「添加函示積木」，為積木取一個清楚的指令名稱，再點擊「確定」。

在程式區和腳本區分別產生新的積木。

在腳本區名為「定義」的積木下方，組合自己喜歡的積木指令後，就能利用程式區的新積木，以單一積木下達相同的複合指令。

・添加擴充功能

事先在電腦上安裝感測器後，能將感測器捕捉到的信號（光線、聲音）做成積木指令使用。

Chapter 7

擴展吧！程式設計的世界！

坐立
難安
里克！
坐立
難安
浮躁
你冷靜一點啦！

我懂。
我能明白他的心情。
叮ー咚ー
鏘ーー咚ーー
！
啪！
放學了！
咦？
嗒
嗒嗒
嗚喔喔喔喔喔！
里克!?
嗒
嗒
你要去找谷口老師嗎？
停住……

今天，我的電腦會送到家裡!!
哎?
聽說老師幫他向父母說情喔。
出現……
讓里克買一台電腦。
這樣啊……
里克…真是太好了!

我回來了！
亂脫
鞋子
噠
咚咚
噠
吶，送來了嗎!?
歡迎回來！
喀啦！
已經放到里克的房間了喔。
啊，老師！
你怎麼在我家？

新的電腦需要做許多設定，
所以，我就來了。
網路也連接好了喔。
只要打開電源，馬上就能使用。
謝謝老師！
噠！

吶！
真的就跟老師說的一樣。
程式設計非常有趣！
懂越多，就愈學愈開心！
……
對吧？
笑！

這樣我就能做出更多的程式了…！
雖然我現在只會Scratch而已，
但總有一天，我要像老師、拓海一樣無所不能、樣樣都會！

然後，做出獨一無二的程式！
微笑
啟動！
好——喔！
來做吧～!!

用Scratch和世界連結吧！

自己能夠製作程式之後，試著挑戰新的享受方式吧！
Scratch可利用網路跟世界各地的人們
分享自己的作品！

將作品公開在網路上

讓你的作品被世界各地的人看見

在Scratch上製作的作品，可透過網路向世界各地的人公開。像這樣在網路上讓其他人查看作品的行為，稱為「分享作品」。

完成自己的作品後，點擊腳本區上方的「分享」。這樣一來，作品就能分享到世界各地，讓更多人觀看。

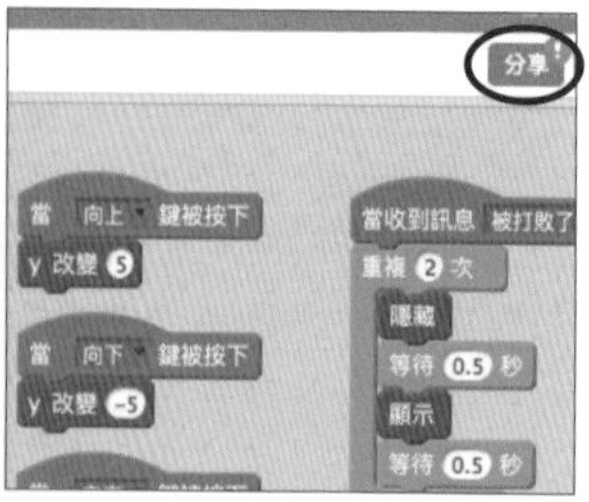

只有打開未分享的程式，才會顯示「分享」。

撰寫作品說明

點擊「分享」將作品分享出去的同時，也會出現撰寫作品資訊的頁面。當別人點開你的作品時，也會看到這個頁面。為了讓觀看者能馬上了解作品，好好介紹自己的作品吧！

作品資訊大致分為「作品名稱」、「操作說明」、「備註與謝誌」、「標註」四個部分。作品名稱跟在創造新檔時輸入的標題一樣，但其他三項資訊在剛分享出去時皆為空白。

請對照下一頁的「作品的資訊頁面」，輸入自己的作品說明吧。

作品的資訊頁面

・作品名稱
作品的名字。分享後，仍舊可以更改。

・操作說明
遊戲的操作方式、動畫的觀賞重點等等，記述作品的享受方式。

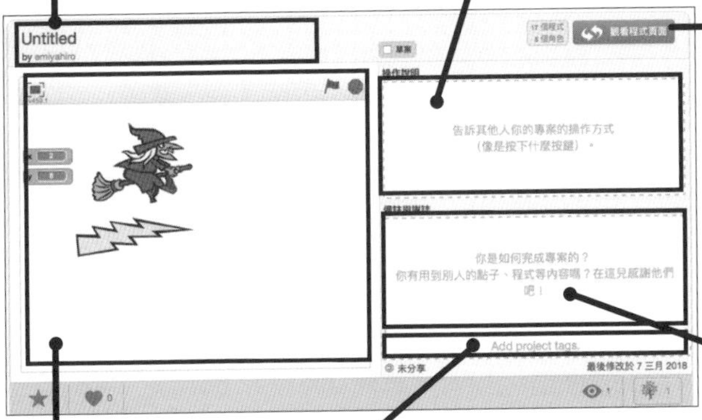

・觀看程式頁面
點擊這個按鈕後，可看到程式的積木組合。

・備註與謝誌
記述自己製作時的心得，或者對自己參考的作品書寫感謝的話等。

・播放動畫
點擊旗幟後，程式就會開始執行。

・標註
「標註（tag）」是指分類該作品的關鍵字，可自行鍵入或者選擇「Games」、「Animation」等選項。

需要注意的地方

公開作品時，需要注意以下事項。

首先，不能隨便使用動畫、漫畫中的角色，或是在網路上搜尋到的照片。自己、朋友的照片也建議不要亂用，更不可寫出名字、地址、電話號碼等資訊。

另外，由於每個人都能看到公開的作品，切忌做出中傷他人、使人不愉快的行為。

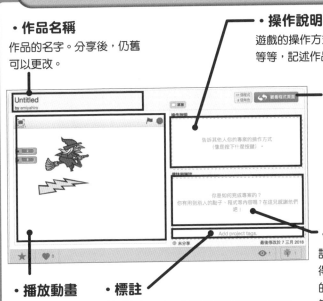

用「改編」享受其他人的作品

改編其他的作品

在觀看別人的Scratch作品時，如果覺得「這邊稍微改變一下會更有趣」的話，可試著「改編」看看。

改編是「借用他人的作品稍微調整，使其成為自己的作品」的設計方式。

在進行改編時，務必清楚表明引自哪個作品。有些人可能會認為這樣是盜用他人的作品，但只要清楚記述原作出處就不構成盜用，請讀者放心。

改編的使用方法

在觀賞別人的作品時，點擊畫面右上角的「觀看程式頁面」，能看到該程式的積木組合。此時，再按下腳本區上方的「改編」，就能將該作品存到「我的東西」裡頭。

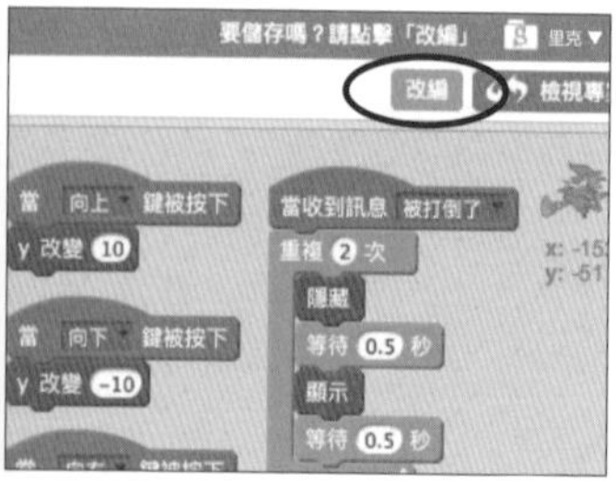

在公開的作品中，肯定會有「改編」的按鈕。

改編前面漫畫中出現的作品！

了解改編的用法後，試著改編漫畫中里久他們做出的作品吧。

在Scratch首頁最上方的「搜尋」，鍵入「プログラミング教室の作品一覧」，就能找到漫畫中介紹的作品（作者為poplar-programming），讀者可從中選擇喜歡的程式，試著自己改良看看。漫畫中出現的程式都可自己動手改編。

建立自己專屬的「創作坊」

根據內容整理創造的作品

當作品愈來愈多時，不妨建立一個「創作坊」吧。創作坊好比整理作品用的收納櫃，可自行設定名稱，像是「動畫的創作坊」、「遊戲的創作坊」等等，能將相同種類的作品統整在一起。

在儲存作品的「我的東西」頁面中，按下右上方的「新增創作坊」，就能建立創作坊。取一個清楚的名字後，再點擊「我的東西」頁面的「加入到」或創作坊頁面的「添加專案」，加入各種相關的作品吧。

按下「新增創作坊」，會展開新建的創作坊畫面。

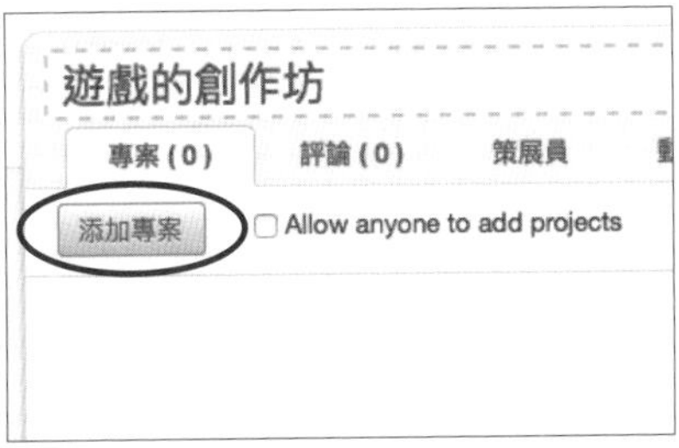

鍵入創作坊的名稱後，點擊下面的「添加專案」，頁面最下方會出現已分享的創造作品清單，用戶可從中選擇想要加入的作品。

其他人也可使用自己的創造坊

建立的創作坊可透過網路和其他人共用。

在創作坊頁面「添加專案」的右邊，有「Allow anyone to add projects」的字樣，意思是「同意任何人添加專案」。勾選英文左邊的四角型框框後，其他人就能為此創作坊加入作品。

跟朋友創造相同主題的作品時，這是非常便利的機能，讀者不妨多加運用。

結尾

結尾

體驗 Scratch 的感覺如何呢？最後的部分可能有點難，但就算現在沒辦法全部理解也沒關係，先試著創造自己的作品吧。各位可從本書介紹的程式進一步改良，亦可在全白的畫布上揮灑出新的作品。

或者，複製朋友創造的作品，依照自己的想法改造一番，也是一種有趣的體驗。然後，不斷創造各種作品後，心中肯定會萌生「這邊想要這樣做」、「這邊想要這樣改」的想法。此時，再試著重新翻閱本書，相信各位肯定會對本書所講的內容有更深一層的理解。

熟練 Scratch 後，不妨試著挑戰「鍵入式程式設計」吧。學會 JavaScript、Unity 後，能開發出 Scratch 無法做到的精彩遊戲。當然，這類程式語言比 Scratch 更加困難，必須記住的單字、知識也非常得多。但是，只要持續努力學習，總有一天各位也能駕輕就熟。

期待十年後的某天，各位會成為遊戲開發者或網路程式設計師，出現在我的面前。再會了！

二〇一七年一月　谷口充

再會了

國家圖書館出版品預行編目資料

Scratch積木程式教室 / 谷口充監修 ; 衛宮紘譯.
-- 初版 . -- 新北市 : 世茂 , 2018.12
面 ; 公分 . -- (科學視界 ; 225)
ISBN 978-957-8799-44-8(平裝)

1. 電腦遊戲 2. 電腦動畫設計

312.8 107012502

科學視界 225

Scratch積木程式教室

監　　修 / 谷口充
漫　　畫 / 落合博和
譯　　者 / 衛宮紘
主　　編 / 陳文君
責任編輯 / 曾沛琳
出 版 者 / 世茂出版有限公司
地　　址 / (231)新北市新店區民生路19號5樓
電　　話 / (02)2218-3277
傳　　真 / (02)2218-3239（訂書專線）、(02)2218-7539
劃撥帳號 / 19911841
戶　　名 / 世茂出版有限公司
世茂官網 / www.coolbooks.com.tw
排版製版 / 辰皓國際出版製作有限公司
印　　刷 / 祥新印刷股份有限公司
初版一刷 / 2018年12月

ＩＳＢＮ / 978-957-8799-44-8
定　　價 / 300元